초록의 집

날마다 새로움을 주는 정원이 있는 집과 조경

엑스날러지 편 | 이지호 옮김

한스미디어

머리말

변화하는 초목의 모습에서 계절의 순환을 실감한다.

그저 짜증스럽게만 느껴졌던 비가 소중한 선물임을 깨닫게 된다.

새와 벌레들의 존재에서 생명의 섭리를 발견한다.

나뭇잎 사이로 비치는 햇살과 나무 그늘에서 평온함을 느낀다.

식물이 곁에 있는 집은 삶에 윤택함을 가져다준다.

일상 속에서 정원의 장점을 피부로 느끼기 위해서는 집을 만들 때 궁리가 필요하다.

집이 완성되고 나서 '남은 공간'에 정원을 구상하는 것이 아니라,

처음 설계할 때부터 건물과 정원이 서로 대화하는 듯한 밀접한 관계성을 만들어야 한다.

설령 부지에 여유가 없더라도 창문 너머로 보이게 될 모습을 계산하며 작은 초목을 심으면

평범한 창문에도 생기가 감돌면서 초록의 자연에 둘러싸여 생활하는 감각을 맛볼 수 있다.

또한 부지 내에 머무는 것이 아니라 집 밖 거리까지 시점을 확대해, 밖에서 봤을 때

어떤 모습이면 좋을지도 궁리한다.

녹색 식물은 이웃은 물론 집 앞을 지나가는 사람들에 대한 서비스이며, 거리의 분위기에

영향을 끼치는 존재도 될 수 있다.

완성된 집의 정원에 조경사의 손길이 닿으면 부드러움과 친근함이 더해진다.

환경과 조건에 맞는 식물의 배치,

실내에서 보이는 모습이나 정원을 걸을 때의 시선, 5년 후, 10년 후의 모습까지 계산에 넣은 조경 계획은

집과 식물이 하나가 되는 풍경을 만들어 낸다.

정원을 이상적인 모습으로 유지하려면 시간과 노력이 어느 정도 필요하다.

지나치게 뻗은 가지는 잘라 주고, 그곳에 어울리지 않는 풀은 퇴장시킨다.

식물끼리 싸움을 시작하면 그 사이에 끼어들어 중재한다.

낙엽이 떨어지는 계절에는 매일 빗자루를 들고 청소한다…….

이 책에 등장하는 집에 사는 사람들은 정원과 그런 관계를 맺으며 살아갈 때 비로소 얻을 수 있는

기쁨이 있음을 보여준다.

애정을 담아서 손질할수록 애착이 더 커지고,

사는 이에게 매일같이 작은 선물을 주는 '초록의 집.'

이 책에 소개된 13가지 사례는 그런 집을 만들기 위한 힌트를 여러분에게 가르쳐 줄 것이다.

응달의 작은 정원은
'차분한 지역'으로 지정한다

정원에 핀 작은 꽃을
꺾어서 장식하는 즐거움

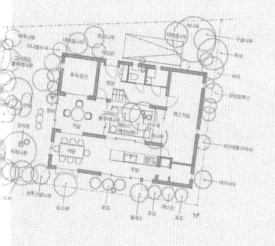

초목으로 가득한 중앙 정원은
마음을 해방시켜 주는 작은 낙원

주방의 창문 너머로 펼쳐진 푸른 초목이
매일 해야 하는 집안일을 즐겁게 만든다

평범한 작은 창문에서도
푸른 초목이 보이는
정서 넘치는 생활

화창한 날 툇마루에 누워서
정원을 바라보는 행복

CONTENTS

초록의 집 no. 01

자연에 둘러싸여
생활하는
조경사의 넓은 정원과
작은 집

조경사가 '자신의 정원'을 만들기 위해
국정공원 내의 택지를 매입했다.
들새가 지저귀는 깊은 산속의 넓은 정원을
조금씩 꾸준히 가꿔 가면서
오늘도 새로운 것을 발견하고 또 배운다.

(나라 현, 세이노 씨의 집)

서쪽으로 완만하게 기울어진 비
탈면을 이용해 조성한 넓은 정
원. 그 정원과 일체감이 느껴지는
1층의 필로티, 그리고 조금은 거
리감을 유지하는 2층의 테라스.

내 마음에 드는 정원을
만들고 싶다는 이상을
시행착오를 겪으며
추구해 나간다

1		4
	3	
2		5

1 어프로치에서는 다간(줄기가 여러 개 나온) 수형(樹形)의 산딸나무(왼쪽)와 계수나무(오른쪽)가 손님을 맞이한다. 옹벽에는 건물 부지에서 구한 자연석도 사용했다. 계단을 오르면 필로티와 현관이 나온다. 2 빈티지한 느낌을 주는 메일박스와 돌푼주. 식물도 소품도 동서양이 자연스러운 조화를 이루고 있다. 뒤쪽의 곧게 자란 길쭉한 잎은 신서란(뉴질랜드 삼)이다. 3 필로티는 현관 포치의 역할도 겸한다. 정원 일을 하다가 짬짬이 작업복을 입은 채로 쉴 수 있는 장소이기도 하다. 4 햇볕이 잘 드는 필로티 앞의 평지는 잔디밭으로 만들었다. 5 필로티는 장작을 쌓아 두는 장소도 겸하고 있다. 작업을 하다 지치면 흔들의자에 앉아서 땀을 식힌다.

매일 자주 서게 되는 주방이
최고의 관람석

2 3
1
4

1 "주방에서 보이는 경치가 정말 끝내준답니다! 가장 좋은 위치에 주방을 만들어 줬어요"라고 말하는 다마미 씨. 집안일에 몰두하다 문득 고개를 드는 지극히 평범한 순간이 가장 행복한 순간이 되었다. 2 벽의 마감은 직접 했다. 이틀 동안 모두 10명이 참여해 타나크림이라는 회반죽을 발랐다. 3 검은고양이 조조는 창밖으로 보이는 것들을 눈으로 좇느라 바쁘다. 4 천천히 자연 건조시킨 요시노 삼나무를 기둥·들보 등의 구조재와 바닥판으로 사용했다.

"이 주변은 들새를 관찰하는 사람이라면 누구나 찾아오는 장소입니다. 그래서 산책을 하다 '소리 내지 마세요'라는 주의를 받을 때도 종종 있지요(웃음)." 몇 종류의 들새가 지저귀는 소리를 제외하면 아무 소리도 들리지 않는 이 택지는 국정공원 안에 자리하고 있다. 조경사인 세이노 요스케 씨는 8년 전에 고객에게 보여줄 수 있는 모델 가든을 만들고 싶다는 생각에서 교외의 토지를 물색하고 있었다. 아내인 다마미 씨는 이 장소와 만난 날을 이렇게 회상했다. "저도 남편도 '바로 이곳이 우리가 찾던 장소야'라고 직감했어요. 비탈져 있는 것도 좋았고, 부지 안에 있는 큰 나무도 그대로 이용할 수 있을 것 같았지요.. 여기서 살면 즐거운 일이 일어날 거라는 생각이 들었어요."

집의 설계는 전부터 알고 지내던 건축가 이치미 나오토 씨가 담당했고, 목수가 나라 현에서 자란 요시노 삼나무를 사용해 전통적인 수(手)가공 방식으로 집을 지었다. 집을 짓기 전의 사전 미팅에서는 앞으로 어떤 생활을 하고 싶은지, 부부의 인생 설계 영역까지 활발히 토론하면서 '정말로 필요한 것'을 모색하는 작업을 거듭했다. 정원을 최대한 넓게 확보하기 위해서는 건물과 정원이 어떤 관계성을 갖도록 만들어야 하는가? 이런 질문을 바탕으로 조경사와 건축가가 논의를 거듭하며 계획을 다듬었다. 불필요한 것은 단 하나도 없는 컴팩트한 집은 1층은 뒷산의 흙막이를 겸하는 콘크리트 구조로, 2층은 목조로 만들어졌다. 1층에는 정원과 연결되는 필로티와 현관, 그리고 요스케 씨의 아틀리에가, 2층에는 거실·식당·주

방과 욕실·화장실, 침실이 있다. 생활 공간을 2층에 모아 놓은 이유는 습기나 벌레 등의 거친 자연 환경으로부터 약간 거리를 둠으로써 좀 더 마음 편히 살기 위해서다. 창문 너머로는 별장지를 방불케 하는 경치를 감상할 수 있다. 생활 공간은 20평이 채 안 되지만, 필요한 기능은 전부 갖추도록 동선을 궁리해 개방적이면서도 여유마저 느껴진다. "생활하는 모습을 하나하나 꼼꼼하게 상상하면서 설계했습니다. 창문을 통해서 보이는 경치라든지, 앉는 장소의 편안함이라든지……. 다양한 공간이 적재적소에 배치되어 있으면 넓지 않더라도 충분히 여유롭게 살 수 있지요."(이치미 씨)

부부 모두 도시에서 성장했기에 오랫동안 도시의 편리함에 길들어 있었다. 그전까지 식물과는 전혀 인연이 없었다는 다마미 씨의 생활은 이곳에서 살게 된 뒤로 크게 바뀌었다. "계절별로 해야 할 일이 가득해서, 도시에서와는 다른 성격의 바쁜 나날을 보내고 있어요. 힘들지만 즐겁기도 하고, 푸른 자연에 둘러싸여 사는 기분은 그 무엇과도 바꿀 수 없는 행복이랍니다."

1년 전, 부근에 '참나무시들음병'이 발생해 집 앞의 숲이 대량으로 벌채되고 말았다. 이 때문에 압도될 것만 같은 울창한 숲 대신 빈 공터가 생겨났고, 그 결과 정원의 일조 환경도 크게 변화했다. 이에 적응해야 하는 식물의 상태도 바뀔 수밖에 없는 상황이라서 업데이트가 반복되고 있다. 매일 보는 정원이지만 언제 봐도 항상 처음 보는 듯한 새로운 모습을 볼 수 있다.

	2	3
1		4

1 남쪽의 테라스도 중요한 생활 공간이다. 주방과 가까워서 마음이 내키면 의자를 들고 나와 이곳에서 식사를 한다. 2 현관의 콘크리트 노출 벽과 직선적인 디자인은 모던한 인상을 준다. 야생 느낌이 물씬 풍기는 풍경은 주변 환경과는 대조적이어서 의외로 신선해 보인다. 3 계단을 오르면 정면의 창문 너머로 푸른 숲이 펼쳐진다. 4 세면실 창문으로 뒷산의 짙은 초록 식물이 보인다.

정원이 있는 생활의 경험이
정원 만들기를 변화시켜 간다

1 아틀리에에도 서쪽 정원 방향으로 커다란 창문이 있다. 같은 각도지만 2층에서 보이는 경치와는 전혀 다른. 나무들을 올려다보는 차분한 풍경이다. 2 콘크리트 벽에 둘러싸인 조용한 아틀리에는 깊은 사색에 잠기기에 좋은 환경이다. 고객과의 미팅도 이곳에서 한다. 3 오래된 자재로 만든 선반에 소품과 나무열매를 장식했다. 4 해외의 가드닝 관련 서적을 펼쳐 보며 이미지를 얻게 될 때도 많다.

no.1 ‖ 세이노 씨의 집과 정원

부지 면적	1,165.00㎡(352.41평)
총면적	98.96㎡
	1F: 35.70㎡ 2F: 63.26㎡
준공	2010년
가족	부부+자녀 1명
설계	이치미 설계 공방
시공	하네 건축 공방
조경	planta

꽃창포

제비붓꽃

석창포

ⓐ 빗물연못 주변

지붕에 떨어진 빗물을 모아서 연못으로 만들고 주변에 물가나 습지를 좋아하는 식물을 배치했다. 잠자리와 소금쟁이, 개구리 등 물을 필요로 하는 생물이 찾아온다.

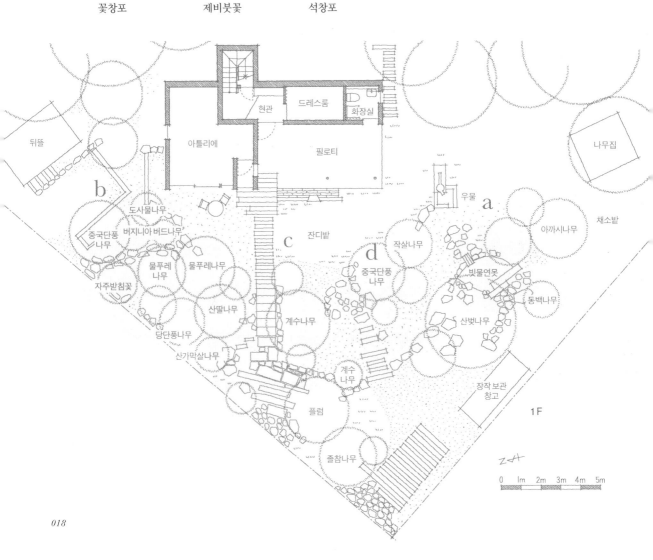

ⓑ 최초의 오솔길

햇볕이 잘 들지 않는 장소여서 산야초 등 응달을 좋아하는 식물을 중심으로 심었다. 안쪽에 위치한 뒤뜰을 외부 시선으로부터 숨기는 역할도 맡고 있다.

자주받침꽃   산수국

삼지구엽초   연잎양귀비

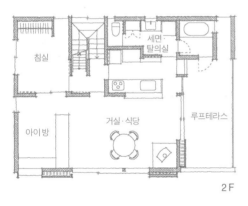

2 F

왼쪽: 나무집으로 올라가면 집과 정원이 한눈에 보인다.
오른쪽: 부녀가 의견을 모아서 단풍나무 위에 나무집을 만들었다. 딸은 이곳에서 친구와 간식을 먹기도 한다.

ⓒ 어프로치

집과 정원의 얼굴 역할을 하는 어프로치는 돌을 쌓아서 만든 옹벽과 낡은 창고를 해체해서 얻은 자재로 만든 돌길과 침목 계단으로 구성되어 있다. 낙엽 고목(高木) 아래에는 적은 일조량에도 잘 적응하고 꽃도 즐길 수 있는 풀꽃을 심었다.

가막살나무   포테르길라

병솔나무   비비추

향매화오리나무   칸나

ⓓ 과일나무와 다년초의 정원

햇볕이 잘 든다는 점을 살려서 열매를 맺거나 꽃을 피우는 나무, 허브류를 중심으로 심었다. 먹거나 장식하며 즐길 수 있는 식물이 정원에 있으면 생활에 계절감이 반영되고 마음도 풍요로워진다.

산딸기   무화과나무

일본조팝나무   펜스테몬

오야석 봉당과 일체화시킨
실내의 잡목림 정원

풍요로운 정원이 있는 생활을 추구하며 지은 흙과 가까운 집.

살아 본 뒤에야 오야석* 봉당의 우아함과 야성적이면서도 균형을 잃지 않는

교묘한 정원 디자인을 깨닫게 되었다.

이른 아침에 정원을 산책하며 느끼는 고요함과 상쾌함은 그토록 꿈꿔 왔던 시간 그 자체다.

(사이타마 현. N 씨의 집)

* 오야석(大谷石): 도치기 현 우쓰노미야 시 북서부의 오야 정 부근에서 채굴되는 석재. 지질학적 명칭은 '유문암질 용결응회암'이다.

왼쪽: 낙엽수들에 파묻힐 것만 같은 남쪽의
외관. 졸참나무의 줄기에 설치한 새집에서는
박새가 여러 번 새끼를 낳았다.
오른쪽: 태어났을 때부터 이 집에서 살고 있
는 조 군과 모모 양에게 숲 같은 정원과 오야
석 봉당은 지극히 당연한 생활의 일부다. 벌
레와 새, 작은 동물과도 친하게 지낸다.

"나뭇잎이 커튼처럼 몇 겹으로 겹쳐진 지금이 가장 우거진 시기가 아닐까 싶습니다", "겨울에는 전부 떨어지기 때문에 방 안쪽까지 햇살이 들어와요." 7년차에 접어든 정원을 번갈아서 설명해 주는 N 씨 부부. 부지의 남쪽 절반을 차지한 정원에서는 셀 수 없을 만큼 많은 나무가 경쟁하듯 잎을 펼치고 있다. 실내의 흰 회반죽벽이 마치 옅은 녹색으로 물든 것처럼 보일 만큼 왕성하게 성장한 초여름의 식물들은 이곳이 사실은 평범한 시가지에 위치하고 있다는 사실을 잊게 만든다.

잡목림과 산야초가 자라는 정원이 있는 집에서 성장한 남편이 자신의 집을 짓게 되었을 때, '흙과 가까이'는 지극히 당연한 기본 전제였다. 그리고 오야석을 깐 넓은 봉당으로 이 전제를 실현했다. 목제 미닫이창을 전부 벽 속으로 밀어넣으면 식물의 에너지가 실내로 쏟아져 들어온다.

"'흙과 가까이=전통적인 좌식 생활'이라는 발상에서 봉당의 중앙에 낮은 마루를 만들었습니다." 건축가인 마쓰자와 미노루 씨는 이렇게 설명했다. 오래된 농가의 툇마루 같은 분위기를 풍기는 마루는 훤하게 개방되어 있어서 마치 작은 무대를 연상시킨다. 오야석 회랑이 주위를 둘러싸고 있어서 동선에도 막힘이 없다. 또한 벽이 적은 까닭에 시야가 탁 트여 있어 다양한 장소에서 정원을 볼 수 있다. 식당 의자도 일반 의자보다 좌석이 5센티미터 정도 낮은 것을 선택해 마루에 앉았을 때의 눈높이와 최대

미닫이창을 벽 속으로 밀어넣으면 마치 액자처럼 느껴진다. 주목(主木)으로 테라스 왼쪽에 당단풍나무를, 오른쪽에 졸참나무를 배치했다. 그리고 앞쪽에 생강나무와 정금나무 같은 저목(低木)을 심어서 깊이감을 연출했다. 여름에는 정원 너머가 보이지 않을 만큼 무성해지지만, 잎이 떨어지는 겨울에는 실내 깊숙한 곳까지 햇볕이 들어온다.

한 일치시켰다. 의자에 깊이 앉아 창밖을 바라보면 마치 숲속 별장에 온 것 같은 기분이 든다.

7년 전에 이 정원을 만든 사람은 남편이 매료된 조경사 구리타 신조 씨(32~43페이지에 자택을 소개했다)다. 답사를 온 구리타 씨는 한동안 마루에 앉아서 당시 아직 빈터였던 정원을 바라보며 열심히 스케치를 하더니, 트럭에 흙을 싣고 와서 지형에 기복을 만든 다음 나무와 산야초를 솜씨 좋게 심고 작은 오솔길도 만들었다고 한다.

"그 뒤로 5년이 지난 뒤에 처음 손질을 하러 오셨습니다. 그때까지 몇 년을 내버려뒀는데도 정원의 균형이 무너지지 않고 교묘히 유지되더군요. 정말 훌륭한 정원 디자인이라고 생각했습니다." 남편은 이렇게 말했다. 평소에도 이른 아침에 오솔길을 걷다가 눈에 거슬리는 풀이 있으면 뽑거나 가지치기만 조금 했을 뿐 나머지는 거의 손을 대지 않고 자연이 만들어 낸 있는 그대로의 모습을 즐기고 있다.

남편은 이 집에서 태어나 일곱 살이 된 아들과 올해도 함께 밭을 일궈 여름 채소 모종을 심었다. "그이는 '이 풀의 이름이 뭐였더라?'라면서 아이들에게 나무와 풀의 이름을 기억시키려고 애를 써요. 그렇게 노력한 보람이 있는지, 아까 아이가 '일본분꽃나무'가 어떻다는 이야기를 하더군요. 그런 나무를 아는 초등학생은 아마 얼마 없을 거예요." 아내는 이렇게 말하면서 웃었다. 흙과 가까운 집에서 정원을 좋아하는 아버지와 산다는 것은 바로 그런 것인지도 모른다.

정원에서 겪은 작은 사건이
식탁에서의 대화에 활기를 가져다준다

1 | 2
    3

1 섬세한 디자인의 장작 난로는 마쓰자와 씨의 오리지널 작품. 천장판을 붙이지 않고 2층의 삼나무 바닥 들보를 그대로 노출시켰다. 2 물을 쏟더라도 신경 쓸 필요가 없고 물청소도 가능한 오야석 바닥은 상상 이상으로 편리하다. 정원으로 이어지는 미닫이창에는 유리창과 방충망 이외에 단열 효과가 높은 양면붙임 장지문도 설치되어 있다. 3 작은 무대를 연상시키는 탁 트인 마루에는 밤나무 제재목이 사용되었다. 커다란 직물을 장식해서 상징성이 느껴지도록 연출했다.

틀을 숨긴 창으로
아름다운 광경을 완결시키다

1 | 2
3
4

1 식당 의자는 좌석 높이가 34센티미터로 일반적인 의자보다 낮은 것을 선택했다. 눈높이를 낮춤으로써 차분함이 느껴지고, 마루에 앉아 있는 사람과 시선을 맞추기도 용이하다. 테이블은 참나무로 만든 특별 주문 제품이다. 2 정원과 실내가 자연스럽게 연결되는 감각이 전통 민가의 봉당과 닮았다. 앉아서 쉴 수 있는 낮은 마루는 툇마루를 연상시킨다. 3 심플한 오더메이드 주방은 기능적인 일체형 상판 싱크대이다. 4 싱크대 앞 창문 밖에 커튼 대용으로 남천을 심었다.

마루 뒤쪽을
지나가는 회랑과
높은 후키누케 등,
장소마다 다양한
개성이 있다

1 │ 2
  │ 3

1 마루의 뒤쪽도 봉당으로, 회랑이 마루를
한 바퀴 도는 형태다. 정면의 장지문을 열
면 현관이 나온다. 벽 아래쪽에 뚫려 있는
통기구는 지붕에서 덥힌 따뜻한 공기를 실
내로 보내기 위한 것이다. 이 시스템 덕분
에 북쪽의 복도도 춥지 않다. 2 마루 위쪽
은 후키누케*다. 높이를 억제한 봉당 쪽 공
간과의 차이가 넉넉함을 만들어 낸다. 벽에
걸린 작품은 이곳에 처음 살기 시작했을
때 남편이 직접 만든 콜라주다. 감물로 염
색한 전통 종이를 붙여서 만들었다. 3 침실
은 2층에 있는 다다미방이다. 아이들 방도
있지만, 아직은 가족 모두가 이곳에서 이불
을 깔고 함께 잔다.

* 후키누케(吹き抜け): 하층 부분의 천장과 상층 부분의 바
  닥을 설치하지 않음으로써 상하층을 연속시킨 공간.

no.2 ∥ N 씨의 집과 정원

부지 면적	263.5m²(79.71평)
총면적	136.5m²
	1F: 69.4m² 2F: 67.1m²
준공	2011년
가족	부부+자녀 2명
설계	마쓰자와 미노루 건축 설계 사무소
시공	미키 건설
조경	구리타 신조/사이엔

ⓓ 어프로치

도로와 인접한 현관 옆의 식물이 앞쪽 정원의 식물과 자연스럽게 이어지도록 배려했다. 크고 작은 낙엽수와 상록수인 개동청나무를 적절하게 섞어서 배치했다.

졸참나무

개동청나무

퍼진철쭉

참회나무

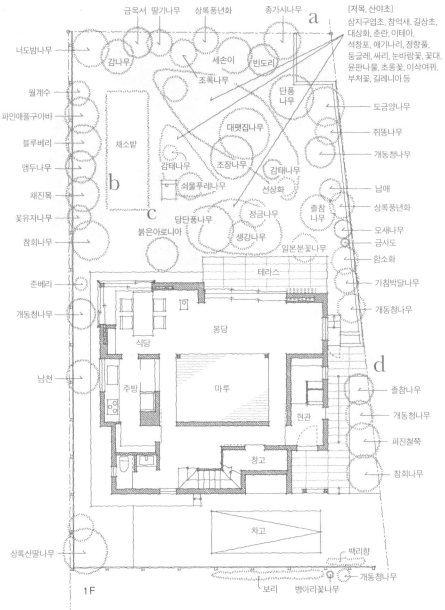

금목서 딸기나무 상록풍년화 종가시나무

a

[저목, 산야초]
삼지구엽초, 참억새, 길상초, 대상화, 춘란, 이테아, 석창포, 애기나리, 정향풀, 둥글레, 싸리, 눈바람꽃, 꽃대, 윤판나물, 초롱꽃, 이삭여뀌, 부처꽃, 길레니아 등

너도밤나무
감나무
세손이
빈도리
조록나무
단풍나무
도금양나무
월계수
파인애플구아바
대팻집나무
쥐똥나무
블루베리
채소밭
개동청나무
앵두나무
감태나무
조장나무
감태나무
납매
채진목
b
쇠물푸레나무
선상화
상록풍년화
꽃유자나무
c
당단풍나무
정금나무
졸참나무
모새나무
참회나무
붉은아로니아
생강나무
금사도
일본분꽃나무
함소화
테라스
준베리
가침박달나무
개동청나무
식당
봉당
개동청나무
d
남천
주방
마루
졸참나무
현관
개동청나무
퍼진철쭉
창고
참회나무
차고
상록산딸나무
백리향
1F
상록산딸나무
보리 병아리꽃나무
개동청나무

조장나무　　대팻집나무

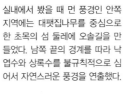

ⓐ 안쪽 지역

실내에서 봤을 때 먼 풍경인 안쪽 지역에는 대팻집나무를 중심으로 한 초목의 섬 둘레에 오솔길을 만들었다. 남쪽 끝의 경계를 따라 낙엽수와 상록수를 불규칙적으로 심어서 자연스러운 풍경을 연출했다.

너도밤나무　　금목서　　종가시나무

단풍나무　　개동청나무　　졸참나무

위: 나무 그늘의 식수대는 마쓰자와 씨가 오야석 덩어리를 그라인더로 깎아서 만든 것이다. 아래: 올해도 부자가 함께 채소밭에 여름 채소 모종을 심었다.

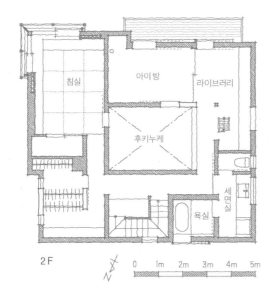

침실　　아이 방　　라이브러리

후키누케

세면실

욕실

2 F

0　1m　2m　3m　4m　5m

ⓑ 과일나무 지역

인근의 주차장과 인접한 부지 동쪽에는 경계를 따라서 가림막 역할을 겸하는 나무를 심었다. 준베리와 블루베리, 파인애플구아바 같은 과일나무를 많이 심은 지역으로, 채소밭과 인접해 있다.

파인애플구아바　　꽃유자나무

앵두나무

ⓒ 앞쪽 지역

테라스 근처에 식재 공간을 두 곳 만들고 오솔길을 냈다. 테라스 옆에는 당단풍나무를 중심으로 꽃이나 열매를 즐길 수 있는 저목(低木)을 배치했다.

당단풍나무　　생강나무　　붉은아로니아　　정금나무

거리에 활력을 주는
작고 풍만한 정원이 있는
조경사의
아틀리에 겸 자택

건축가가 지은 주택의 정원 조성을 담당하는 조경사가
자신의 설계를 건축가에게 의뢰. 한정된 공간을 활용해
건물과 혼연일체를 이루는 정원을 완성시켰다.
그 정원에는 매일 관심을 갖고 손질할 때 비로소
유지할 수 있는 풍만한 소우주가 형성되어 있다.

(도쿄 도, 구리타 씨의 집)

왼쪽: 현관 앞에 있는 정원의 실질적인 폭은 1.5미터에 불과하다. "정원이 안쪽 깊숙
한 곳까지 이어져 있는 듯한 느낌을 효과적으로 만들어 내고 싶었습니다"(구리타 씨)
오른쪽: 마사토*를 다져서 만든 구불구불한 정원길이 안으로 들어오라고 손짓하는
듯하다. 키가 2층까지 닿는 정원의 상징목(Symbol Tree) 준베리가 새들을 부른다.

* 마사토(磨沙土): 화강암이 풍화되어서 만들어진 모래

바로 곁에서 녹색 식물을 느낀다.
일을 하고 있어도 마음은 휴식 시간

현관을 겸하는 구리타 씨의 아틀리에는 커다란
유리창을 사이에 두고 정원과 이어져 있다. 좋
아하는 재즈 음악을 틀어 놓고 창밖의 식물에
시선을 옮기면서 정원을 디자인한다.

창문의 크기는 최대한 크게.
살아 보면 그 의미를 이해하게 된다

왼쪽: 계단 중간까지 챌판이 없는 구조를 채택한 이유는 붙박이창을 통해서 바깥으로 향하는 시선이 차단되지 않도록 하기 위해서다. 계단과 복도도 현관과 공간을 공유하고 있어 좁다는 느낌이 들지 않는다. 바닥재로는 부드러우면서 부담스럽지 않은 분위기를 주기 위해 옹이가 있는 삼나무 목재를 선택했다.

오른쪽: "계단을 내려감에 따라 아틀리에와 식당과 정원이 입체적으로 보여서 마치 장면이 전환되는 듯한 느낌을 주는 것이 재미있습니다."(구리타 씨)

이 집은 조경사인 구리타 신조 씨의 작업장 겸 자택이다. 15평 넓이의 앞쪽 정원은 100종류 이상의 초목으로 가득해서, 신선한 분위기가 길가까지 흘러넘친다. 구리타 씨는 이 집을 만든 동기를 "정원 조성의 세계에서 많은 건축가와 함께 일하는 사이에 제대로 설계하고 꼼꼼하게 만든 집의 장점을 알게 되었습니다"라고 이야기했다.

구리타 씨가 선택한 곳은 동서로 길쭉한 36평의 토지였다. 이곳에 가족 세 명이 생활할 장소와 구리타 씨의 아틀리에, 모델 가든의 역할을 겸하는 앞쪽 정원과 주차·주륜 공간을 모두 담아야 했다. 건물을 최대한 부지 안쪽에 지어서 앞쪽 정원의 공간을 확보하는 것밖에 선택지가 없었고, 건폐율(전체 대지 면적에 대한 건축 면적의 비율)을 높이기 어려운 사정상 건물도 작게 지을 수밖에 없었다. 이에 건축가인 이시이 유키 씨는 아틀리에와 현관을 융합시키고 큰 유리창으로 정원과의 연속감을 연출함으로써 시각적으로 넓게 보이도록 하자고 제안했다. 그리고 건물 남쪽에 폭 1.5미터의 공간을 남겼다. "'자, 이제 이곳을 어떤 정원으로 만들지?'라는 도전 정신이 샘솟더군요." 이렇게 말하며 웃는 구리타 씨는 포석으로 구불구불한 정원길을 만들고 응달에서도 잘 자라는 초목을 교묘하게 이용함으로써 정감이 넘치는 일본식 정원을 완성시켰다.

밝은 앞쪽 정원에는 중앙에 커다란 준베리를 배치하고, 그 앞쪽에 시선을 잡아끄는 봉긋한 풀꽃의 섬을 만들었다. 약간 경사가 진 주차 공간의 주위에도 초목을 심어서 전체적인 경관에 녹아들게 했다. 커브를 그리는 왼쪽의 정원길을 걸어가면 퍼걸러 발코니의 문을 지나서 자연스럽게 현관에 다다르게 된다.

현관문의 양 옆은 큰 유리창으로, 1층의 절반 가까이가 개방되어 있다. 욕실과 세면실이 현관에서 가까운 까닭에 사생활 보호의 측면에서 불안감도 있었지만, 건축가는 구리타 씨를 열심히 설득했다. 한편 2층은 미장으로 마감한 벽과 천장이 안락함을 전해준다. 이런 서로 다른 개성이 생활의 편안함을 뒷받침하고 있다.

1년 정도 사는 동안 아틀리에와 계단이 정원과 하나가 되는 감각을 이해할 수 있게 되었다는 구리타 씨. "여름철에는 막 동이 틀 때쯤 예상치 못했던 아름다운 풍경과 만나고는 합니다. 파자마 차림으로 느긋하게 일어나면 상쾌한 공기가 유리창 너머로 집 안까지 들어오는 것을 느끼지요. 쏟아지는 아침 햇살에 투명해진 나뭇잎이나, 저도 모르는 사이에 핀 꽃을 발견하고 놀라기도 합니다. 그런 순간을 만날 수 있다는 것이 바로 행복이 아닐까 싶네요. 이것이 건축가가 의도했던 바임을 이해하게 되었습니다."

		5
1	2	6
3	4	7

1 현관 겸 아틀리에의 바닥에 외부의 어프로치와 똑같은 마사토를 사용함으로써 실내와 실외를 자연스럽게 연결시켰다. 2 판자 울타리 안쪽으로 현관 앞의 일부분에 미장벽을 만들었다. 보통은 중간칠에 사용하는 흙을 써서 구리타 씨가 직접 발랐다. 외등은 연철 공예가인 마쓰오카 노부오 씨의 작품이다. 3 큰 유리창을 사이에 두고 이어져 있는 실내와 실외. 실내에도 화분을 놓음으로써 경계가 더욱 모호해졌다. 4 햇볕이 잘 들지 않는 현관 앞은 '차분한 지역'(구리타 씨). 연잎양귀비와 소엽맥문동 등 응달에서도 잘 자라는 풀꽃이 가득하다. 5·6·7 크고 작은 식물을 실내에도 들여 놓았다. 소박한 작은 꽃도 화기(花器)에 장식하면 훌륭한 존재감을 드러낸다.

나무와 흙으로 만든 집에 둘러싸여 있다는 안도감.
창가의 벤치에서 새소리를 듣는다

1 2층의 식탁에서는 준베리의 꼭대기를 바라볼 수 있다. 발코니로 이어지는 창의 아래 창틀에 벤치 기능을 추가했다. "이 정도 높이에 앉아야 둘러싸인 느낌이 들어서 안락함을 느낄 수 있습니다."(이시이 씨) 2 그윽한 느낌을 주는 중간칠용 흙을 바른 벽과 천장. 안쪽에서 오른쪽이 주방이고, 왼쪽이 계단이다. 천장의 높이와 공법을 다르게 한 것은 식당의 포근함과 크기를 더욱 선명하게 느낄 수 있도록 하기 위해서다. 정원에 핀 류큐마취목의 꽃을 식탁에 장식했다.

1 | 2

no.3 ‖ 구리타 씨의 집과 정원

부지 면적	120.04㎡(36.31평)
총면적	95.84㎡
	1F: 47.92㎡ 2F: 47.92㎡
준공	2016년
가족	부부+자녀 1명
설계	가제코보 일급 건축사 사무소
시공	야마구치 공무점
조경	사이엔

준베리

정금나무

쥐똥나무

무늬중국쥐똥나무

공조팝나무

개동청나무

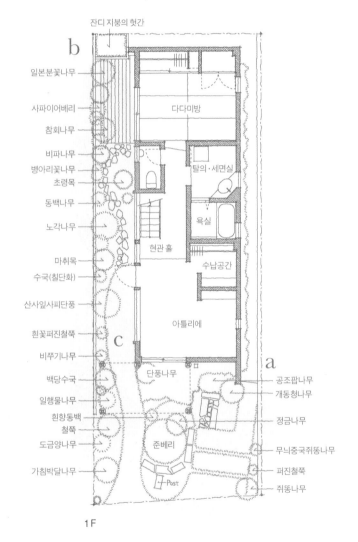

1F

ⓐ 앞쪽 정원

커다란 준베리의 줄기 밑에 봉긋한 섬의 형태로 풀꽃을 심고 우체통을 세워 상징으로 삼았다. 주차 공간에 차가 없어도 허전하지 않도록 안쪽에도 개동청나무를 배치했다.

ⓑ 안쪽의 정원

판자 울타리를 쳐서 사생활을 확보했다. 바람과 빛이 통과할 수 있도록 판과 판 사이에 공간을 뒀다. 실질적인 폭은 약 1.5미터로 좁지만 적은 일조량에도 잘 자라는 풀을 골라서 심고, 다다미방 앞에는 일본분꽃나무와 사파이어베리를 심어 전통적인 일본의 분위기를 만들어 냈다.

좁은 통로에도 곡선을 그리도록 돌을 깔아서 원근감을 연출했다. 초목이나 꽃이 끊이지 않도록 새우난초와 춘란 등 응달에서 잘 자라는 풀을 심었다.

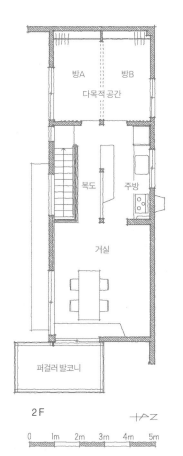

2F

0   1m   2m   3m   4m   5m

일본분꽃나무

사파이어베리

참회나무

병아리꽃나무

노각나무

ⓒ 어프로치

준베리와 가침박달나무의 아치를 통과해서 퍼걸러 발코니 아래를 지나 현관에 도달하는 동선. 마사토를 다져서 만든 정원길은 질감과 색이 흙에 가까워 정원과 자연스럽게 조화를 이룬다.

산사잎사피단풍

흰꽃퍼진철쭉

단풍나무

도금양나무

가침박달나무

앞쪽에 무성하게 자란 것은 크리스마스로즈. 그늘이 지기 쉬운 안쪽에도 수호초와 골무꽃 등 다양한 풀들이 공존하며 예쁜 꽃을 피우고 있다.

햇빛을 갈구하며 가지와 잎을 펼치는 산사잎사피단풍이 시원한 녹음을 만드는 동시에 외부로부터의 시선을 차단해 실내의 사생활을 보호한다.

초록의 집 no. 04

드넓게 펼쳐진 들잔디가
마음을 해방시키는
고지대의 단층 주택

천혜의 조건을 갖춘 고지대의 부지에 만든
드넓은 들잔디 정원.
새소리와 벌레 소리에 귀를 기울이며
잔디 깎기에 열중한다.
부산한 일상에 안식을 가져다주는 심플한 생활.

(효고 현, M 씨의 집)

불에 그슬린 삼나무판을 댄 건물과 울타리 사이의 좁은 통로. 넓은 정원에서 현관으로 이어지는 길에는 변화가 가득하다.

잔디를 깎느라 땀이 나면
테라스에 걸터앉아
지나가는 바람을 느낀다

```
        | 2  5
   1    | 3
        | 4  6
```

1 건물을 둘러싸고 있는 검은 외벽재는 불에 그슬린 삼나무판이다. 테라스에 놓은 브루노매트슨 하이백체어에 누워 낮잠을 즐긴다. 앞쪽에 보이는 개집처럼 생긴 건물은 반지하 창고로 이어지는 입구다. 2 서재 오두막의 창문을 통해서 보이는 잔디 정원과 집. 3 서재 오두막은 2평이 조금 넘는 크기다. 덧문식의 원시적인 창에서도 오두막의 느낌이 물씬 풍긴다. 정면에 묘켄산의 산줄기와 정원의 상징목(Symbol Tree)이 보이도록 계산해서 배치했다. 4 오두막은 남편의 애장 도서를 보관하는 서고 기능을 하며, 처마 밑은 자전거 거치소의 역할도 한다. 이따금 들어와서 책등에 적힌 제목을 바라보다 흥미가 동한 책을 꺼내든다. 5 두 사람이 함께 열심히 잔디를 깎는 휴일. 바람이 기분 좋게 불어온다. 6 다다미방 앞의 정원은 자생한 나무를 그대로 남겨둬 와일드한 분위기를 연출했다.

1 식당 옆에 있는 '잉글눅'은 장작 난로를 즐기기 위한 작은 방이다. 겨울에는 이곳에서 붙박이 소파에 몸을 파묻고 몸을 녹이면서 포도주를 즐기거나 꾸벅꾸벅 존다. 오야석 바닥은 식당 바닥보다 높이가 낮다. 2·3 작은 창문에는 골동품 상점을 운영하는 친구가 준 아시아의 투조(透彫)를 장식했다. 열면 곧바로 보이는 장소에 상징목인 계수나무가 있다. 4 1년에 다섯 번은 부부가 함께 잔디를 깎는다. 오전에 시작해도 저녁까지 계속되는 힘든 작업이지만, 테라스에서 휴식하는 시간은 그 무엇과도 바꿀 수 없는 최고로 행복한 시간이다.

1
2
3
4

1
2

1 생활의 중심인 식당과 주방은 천장이 높고 담백한 마감을 한 심플한 공간이 시원하게 뚫려 있어 평온한 느낌을 준다. 2 주방에는 티크재 상판을 설치한 커다란 카운터가 있다. 높이는 키가 큰 부부에게 맞춰서 95센티미터로 조금 높게 설정했다. 아랫부분은 식기류 이외에 서류나 문구, 일용품 등의 수납공간도 겸하고 있다. "이곳에 서서 가볍게 식사를 할 때도 있습니다."(남편)

화려한 디자인은 필요 없다
단정하게, 있는 그대로의 모습으로

1 식당의 벽은 규조토를 사용해서 미장 마감을 했다. 천장에는 오동나무 판재를 붙였다. 온화한 느낌을 주는 내장(內裝)이 천장의 채광창으로 들어오는 빛을 부드럽게 확산시킨다. 소파 벤치의 녹색은 M 씨의 선택. 세 종류의 의자는 보르게 모겐센과 쉐이커 체어, 레밍하우스의 오리지널 디자인이다. 억제되어 있는 고급스러운 디자인을 선호하는 M 씨의 취향이 드러난다. 정면에 보이는 입구로 들어가면 잉글눅이 나온다. 2 단골 골동품 상점이 여러 곳 있다는 남편. 아시아와 아프리카의 작은 골동품을 장식하는 선반의 위치는 나카무라 씨가 현장에서 결정한 것이다.

가장 가까운 역에서 M 씨의 집으로 가는 길은 급경사의 연속이다. M 씨의 집은 고도 성장기에 만들어진 고지대의 주택지에 있었다. 두 구획을 연결한 약 130평의 넓은 부지에는 잔디가 깔린 정원과 불에 그슬린 삼나무를 댄 검은 외벽의 집이 멋진 대조를 이루었고, 푸른 잎을 잔뜩 펼친 계수나무 한 그루가 햇빛에 반짝였다.

이곳은 남편의 아버지가 오랫동안 빈터인 채로 소유하고 있었던 토지로, 이따금 아버지와 함께 풀을 베러 왔다고 한다. 남편은 "당시 제가 살았던 동네와는 전혀 다른 곳이어서, 아마도 고등학생이 되었을 무렵부터는 이런 멋진 곳에서 살고 싶다고 막연하게 생각하기 시작했던 것 같습니다"라고 회상했다.

건축가인 나카무라 요시후미 씨는 의사로서 바쁜 나날을 보내고 있는 부부가 몸과 마음을 돌보고 가족과 여유로운 시간을 보낼 수 있는 집을 구상했다. 처음에는 2층 집을 계획했지만, 숙고와 수정을 거친 끝에 도달한 답은 넓은 정원을 '기역자 모양으로 둘러싸는 1층집'이었다. 기역자의 한쪽 변에는 가족이 모이는 식당과 주방을 배치하고, 멀리 묘켄 산의 산줄기가 보이는 방향으로 창을 냈다. 그리고 남쪽 정원과 마주보는 또 다른 변에는 욕실과 화장실. 침실 같은 사적인 공간을 배치했다.

광활한 정원은 의도적으로 손을 적게 댄 것 같은 담백한 분위기를 연출했다. 밤자갈을 불규칙하게 깐 주차 공간에서 올리브나무가 나란히 자라고 있는 긴 어프로치로

걸어가면 이윽고 울타리와 건물 사이로 좁은 길이 나타나고, 마지막에는 현관에 도착하는 스토리다. 우체통이 현관에서 먼 정원 끝에 있는 것도 불편함을 감수하고 받아들였다.

"아침에는 신문을 가지러 그곳까지 걸어갑니다. 그리고 산을 바라보면서 '아아, 모습이 달라졌구나'라고 느낀 순간 ON 스위치가 켜지지요. 비가 내리는 날은 우산을 쓰고 가야 하지만, 그것도 하나의 재미라고 생각합니다."(남편)

관리할 시간이 부족한 부부를 배려해서 손이 덜 가는 식물을 선택했다. 그러나 억센 들잔디의 관리만큼은 게을리할 수 없다. 1년에 다섯 번 정도는 부부가 함께 하루 종일 잔디를 깎는다. 상당한 중노동이지만, 열심히 몸을 움직이고 나면 신기하게도 몸과 마음 모두 상쾌해지고 충족감을 얻는다.

부부는 이 집을 지은 것을 계기로 물건을 갖지 않는 라이프스타일을 지향하기 시작했다. 실내는 작은 부분까지 정교하게 디자인되어 있지만, 언뜻 봐서는 그런 느낌이 전혀 들지 않는 평온한 인상이다. "처음에는 벽에 그림을 걸 생각이었는데, 4년을 살아 보니 그럴 마음이 사라졌습니다. 아무것도 없는 공간을 즐기는 쪽이 낫다는 생각이 들었거든요." 남편은 이렇게 말했다. 단정한 실내와 창문을 통해서 보이는 풍경만으로 이미 충분하다고 느낀 것이다.

일상을 포근하게 감싸 주는 부드러운 소재.
애정을 담아서 만지고 싶어진다

1 현관 옆에 있는 1.5평 넓이의 다다미방. 작지만 도코노마*와 테라스를 갖추고 있으며, 창문 너머로 북쪽에 있는 잡목림 스타일의 정원이 보여 마치 별장 같은 분위기를 연출한다. 2 천연 재료로 구성된 욕실. 바닥과 아래쪽 벽에는 도와다석**을, 위쪽벽과 천장에는 노송나무를 사용했다. 금송으로 만든 달걀 모양의 욕조는 레밍하우스의 오리지널 디자인이다. 3 봉당에서 현관문을 바라본 모습. 옆집의 외벽이 그대로 보이지 않도록 멋진 디자인의 울타리를 세웠다. 4 현관에서 안쪽으로 길게 이어지는봉당. 오른쪽에 식당과 주방이 있고, 왼쪽에는 다다미방이 있으며, 그 안쪽에 욕실과 화장실, 침실 등의 사적인 공간을 배치했다. 정면의 벽에서 빛을 내고 있는 브라켓 조명은 샤를로트 페리앙의 빈티지 제품이다.

| 1 | 2 | 3 | 4 |

* 도코노마(床の間): 일본 주택의 다다미방에 있는 공간. 벽에 족자를 걸고 바닥에는 꽃 등을 장식해 놓는다.
** 도와다석(十和田石): 아키타 현 오다테 시 히나이 정에서 출토되는 녹색응회암의 상표명.

부지 면적	429.85㎡(130.03평)
총면적	101.60㎡
	1F: 101.60㎡
준공	2015년
가족	부부+자녀 2명
설계	나카무라 요시후미/레밍하우스
시공	하네 건축 공방
조경	야마시타 마사히로 정원 공방

다다미방 밖 테라스의 나뭇잎 사이로 햇살이 내려쬐고 있다. 전부터 자생하고 있었던 사시나무 여러 그루가 있다. "바람이 조금만 불어도 바들바들 떨기 때문에 '사시나무 떨듯'이라는 말이 생겼지요."(M 씨)

ⓐ 안쪽의 정원

다다미방에서는 사시나무와 사방오리나무 등 이전부터 자생하고 있었던 나무를 활용한 자연적인 느낌의 정원이 보인다. 여기에 영귤나무와 초피나무, 금귤나무, 블루베리 등 열매를 먹을 수 있는 나무를 추가했다.

풍년화

사방오리나무

조록나무

사시나무

왼쪽: 비탈길과 인접한 옹벽 쪽에는 담을 설치하지 않고 서양회양목과 방울철쭉을 심어서 생울타리로 삼았다. 공중에 떠 있는 건물 오른쪽 끝은 외팔보로 지탱되고 있다.
오른쪽: 주차 공간에는 콘크리트를 덮지 않고 이 지역에서 채취되는 화강암 자갈을 깔아서 정원과 주위 환경에 녹아들게 했다.

ⓑ 앞쪽 정원

넓은 앞쪽 정원에는 상징목으로 계수나무를 심고, 지표면의 대부분을 들잔디로 덮었다. 바깥 둘레에는 잎의 색이 밝은 상록수인 서양회양목과 낙엽수인 방울철쭉을 심어서 담으로 삼았다.

덩굴매일초

방울철쭉

평면도 라벨

사시나무　사방오리나무　초피나무　금귤나무　류큐마취목

풍년화　서양회양목

조록나무

a

벽장
다다미방
세면 탈의실　드레스룸
욕실
복도
침실
봉당

카운터
주방
아이방
아이방
식당
테라스
다용도실

c

아욱메풀 + 로즈마리

계수나무

올리브나무
올리브나무

b

들잔디

방울철쭉 } 혼식
서양회양목

서재 오두막　레몬

무궁화

덩굴매일초

필라카네센스

0　1m　2m　3m　4m　5m

1F

c 어프로치

주차 공간에서 현관으로 밤자갈을 깔아 구불구불한 작은 길을 만들고, 양 옆에는 올리브나무를 심어서 어프로치의 분위기를 밝게 만들었다. 서재 오두막 옆에는 자생하고 있었던 무궁화 중에서 꽃이 하얀 것만을 남겼다.

아욱메풀

로즈마리

올리브나무

레몬

서양회양목　　필라카네센스　　계수나무

초록의 집 no. 05

밖으로 나오라고 유혹하는 우드 데크. 정원에서 나무와 아이가 함께 성장한다

흙과 가까운 환경에서 아이를 키우고 싶다는 생각에 출근 시간이
길어지는 것도 마다하지 않고 선택한 교외의 90평 부지.
H형의 단층 주택이 만들어 낸 크고 작은 정원에는 부부가 직접 심은
다양한 초목이 자라고 있다. 강풍과 일조 조건 등의 세례를 받으며
번영과 도태를 반복한 끝에 자연림과 같은 모습이 되었다.

(지바 현, 히라이 씨의 집)

왼쪽: 도마뱀을 찾으며 놀다가 정원의 나무
벤치에 앉아 잠시 쉬는 아들. 봄에 나오는 새
로운 잎이 자주색을 띠는 진기한 계수나무는
한때 상태가 좋지 않아 포기했었는데 되살아
났다.
오른쪽: 홍단풍나무 너머로 식당이 보인다. 창
문을 활짝 열어 놓으면 기분 좋은 바람이 불
어 들어오며, 우드 데크까지 방이 확장된다.

90평이라는 넉넉한 부지에 지어진 히라이 씨의 집. 아홉 살 아들은 풀과 나무가 무성한 정원에서 열심히 도마뱀을 찾고 있었다. "저는 정원 손질을 좋아하는 할머니의 품에서 자랐기 때문에 아이가 태어나면 흙과 가까운 환경에서 살아야겠다고 생각했었어요."(아내) 이 집을 지은 시기는 7년 전으로 딸이 다섯 살, 아들이 두 살 때였다. 건축가 마쓰바라 마사아키 씨가 정원과의 밀접한 관계성을 고려하면서 만든 단층 주택의 구조는 거실동과 침실동의 두 동을 서재가 연결하는 H형이다. 크고 작은 우묵한 부분이 다채로운 정원의 바탕을 이루고 있다.

거실과 식당, 주방이 함께 있는 공간에는 앞쪽 정원과 연결된 커다란 미닫이창이 있고, 돌제(突堤)처럼 튀어나온 우드 데크가 시선을 더 앞쪽으로 유도한다. 졸참나무와 산딸나무, 사라수 등 다양한 종류의 나무가 빽빽하게 심어진 숲 같은 정원과 남동쪽 모서리의 끝부분에 놓인 작은 통나무 벤치가 눈길을 끈다. 집 안으로 시선을 돌리면, 실내는 나무와 회반죽으로 둘러싸인 담백한 공간이다. 맨발이 기분 좋은 삼나무 바닥에는 지나온 세월이 아로새겨져 있다. "이 집은 여름에도 시원합니다. 회반죽이 습기를 조절해 주는 덕분인지, 바람이 잘 통해서인지, 습

도가 높은 날에도 집에 있으면 아주 쾌적하지요." (남편) 거실에서 침실이나 아이들 방으로 갈 때 지나는 서재에서는 마치 료칸의 복도처럼 양쪽으로 정원이 보인다. 넓은 창문을 가득 채울 정도로 가지와 잎을 펼치고 있는 홍단풍나무는 최근 몇 년 사이에 한층 더 성장했지만, 아름다운 모습은 그대로다. 거의 빈 땅이었던 상태에서 부부가 만들어 낸 정원은 7년이라는 세월을 거치며 크게 변화했다. 왕성하게 자란 나무도 있지만 바람이 강한 환경에 적응하지 못한 것도 있다고 한다.

"심고 나서 몇 년 동안은 그리피스물푸레나무가 급격하게 성장해서 그전까지 제일 컸던 산딸나무의 존재감이 약해졌어요. 그러다 앞쪽에 있는 졸참나무가 옆으로 가지를 펼치니까 여기에 눌린 그리피스물푸레나무가 위로 자라더군요. 요즘은 아래쪽 잎이 없어져서 먼 곳이 잘 보여요. 나무들이 서로 의논하고 결정하는 게 아닌가 하는 생각도 듭니다." (남편) 자녀들이 크면서 남편이 만들었던 모래밭은 그 역할을 다한 것 같다. 앞으로 몇 년 후면 정원이 아이들의 놀이터에서 부부 공통의 취미 공간으로 변할지도 모른다. 언젠가 아이들이 독립하는 날이 오더라도 부부의 대화 소재가 떨어질 일은 없을 듯하다.

가로로 넓은 서재 창을 가득 채울 만큼 가지와 잎을 펼치고 있는 홍단풍나무. 창틀을 감춘 구조여서 경치가 더욱 아름답게 보인다.

열린 정원과 둘러싸인
정원을 액자처럼 담아낸다.
이것이 커다란
미닫이창의 진가

1 | 2

1 창이 액자처럼 정원의 풍경을 담아낸다. 왼쪽은 열린
정원. 오른쪽은 두 동과 서재, 우드 데크로 둘러싸인 정
원. 바비큐를 할 때는 오른쪽에 그릴을 놓고 우드 데크
에 앉아서 먹는다. 2 이날은 처제가 찾아와 함께 식사
를 하는 날이었다.

1 돌제처럼 튀어나온 우드 데크는 정원에 친근감을 주며, 밖에서 시간을 보내고 싶은 기분이 들게 한다. 남편은 날씨가 좋은 주말이면 캠핑용 의자를 들고 나와서 독서를 하거나 낮잠을 자며 피로를 푼다. 여름철에 저녁 바람을 쐬는 것도 즐거움 중 하나다. 2 부지 안에서 경치를 즐기듯 자신의 집을 바라볼 수 있는 사치스러움. 졸참나무의 줄기도 조금씩 굵어지고 있다. 3 홍단풍나무가 잎을 펼쳐 서재의 창을 뒤덮고 있다. 4 산딸나무와 그리피스물푸레나무. 사라수. 계수나무 등 여러 종류의 낙엽수가 무성하게 자라 밝은 분위기의 숲을 형성하고 있다. 5 현관에서 거실로 이어지는 미닫이문을 열면 정면에 정원이 보여 기분이 좋다. 6 회색으로 칠한 나무 외벽은 거리에 녹아들어 초록색을 한층 돋보이게 한다.

회반죽과 나무가 연출하는
꾸밈없고 상쾌한 색과 향

두꺼운 삼나무 판을 깐 반질반
질한 바닥은 세월을 느끼게 한
다. "아이들이 장난감을 떨어뜨
려도 크게 잔소리를 하지 않았
어요."(아내)

1 한쪽으로 경사진 지붕과 천장 사이를 로프트로 이용했다. 정면의 안쪽은 다다미방이며, 안쪽으로 더 들어가면 화장실이 있고 왼쪽은 서재다. 2 식탁은 가족이 단란한 한때를 보내는 중심지다. 아내가 어머니에게서 물려받은 요리 애호가의 기질은 딸에게로 이어지고 있다. 3 서재의 창은 경치를 좀 더 깔끔하게 볼 수 있도록 대부분 붙박이창이며 양쪽 끝에 통풍용 작은 창이 설치되어 있다. 아이들은 책상 앞에 앉아 책을 보거나 바닥에 앉아 읽기도 한다.

1
2
3

065

no.5 ‖ 히라이 씨의 집과 정원

부지 면적	307.84m²(93.12평)
총면적	107.83m²
준공	2012년
가족	부부+자녀 2명
설계	마쓰바라 마사아키/기키설계실
시공	가시나무 건설
조경	아유미노 농협 안교 원예 센터

현관 앞과 주차 공간에는 침목을 깔았다. 담이나 명확한 생울타리를 만드는 대신 나무와 풀을 자연스러운 분위기로 심어서 느슨한 경계를 설정하고 시야도 가렸다.

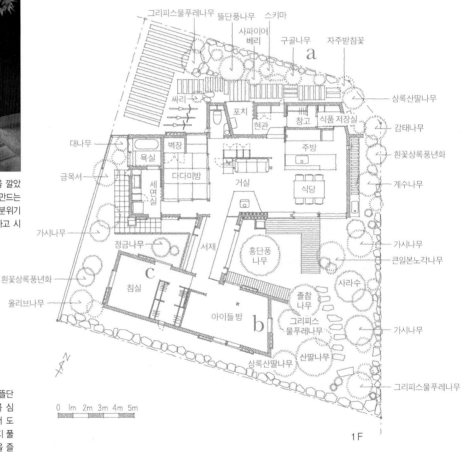

그리피스물푸레나무 뜰단풍나무 스키마
사파이어 베리
구골나무
자주받침꽃
a
상록산딸나무
감태나무
흰꽃상록풍년화
계수나무
가시나무
큰일본노각나무
사라수
b
가시나무
그리피스물푸레나무
산딸나무
상록산딸나무
그리피스 물푸레나무
졸참 나무
홍단풍 나무
서재
정금나무
흰꽃상록풍년화
올리브나무
c
침실
아이들방
가시나무
금목서
대나무
욕실
벽장
다다미방
세면실
포치
현관
창고
식품 저장실
주방
거실
식당

0 1m 2m 3m 4m 5m

1 F

ⓐ 어프로치

길가와 인접한 부지의 경계에 뜰단풍나무와 그리피스물푸레나무를 심어 자연스러운 경관을 만들면서 도로와 경계를 형성하고, 여러 가지 풀을 심어 지나가는 사람들의 눈을 즐겁게 했다.

둥글레

자주받침꽃

동백나무

그리피스물푸레나무

뜰단풍나무

ⓒ 중앙 정원

침실이 태양을 가리는 장소여서 햇볕이 잘 들지 않는다. 꽃이나 열매를 즐길 수 있는 정금나무를 중심으로 수국과 은방울꽃, 황매화 등 햇볕이 잘 들지 않는 곳에서도 꽃을 피울 수 있는 식물을 심었다.

옥잠화

정금나무

은방울꽃

수국

자금우

중앙 정원은 서재, 다다미방, 세면실 세 곳에서 볼 수 있는, 수수하지만 중요한 정원이다.
촬영/히구치 아야

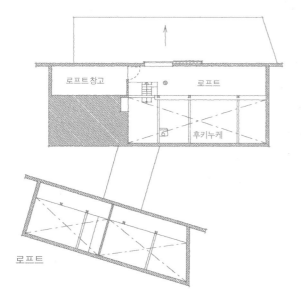

로프트창고   로프트

후키누케

로프트

3~40년 전 이 일대가 조성되었을 당시 만들어진 멋진 돌옹벽. 돌과 돌의 틈새에 건조한 환경에 강한 풀꽃을 심어서 록가든의 느낌을 연출했다.

ⓑ 앞쪽 정원

건물과 우드 데크로 둘러싸인 공간에는 홍단풍나무를 배치했다. 남동쪽으로 펼쳐진 지역은 공원까지 시야가 트이는 것을 의식하면서 각종 잡목으로 자연림의 느낌을 냈고, 징검돌로 정원길을 깔아 원근감을 연출했다.

산딸나무

홍단풍

졸참나무

그리피스물푸레나무

펜스테몬

초목의 초록색과 그림자를 아름답게 담아내는 부드러운 감촉의 집

가족 네 명이 사는, 소박하지만 양질의 소재로 만들어진 집.

흔들리는 나뭇잎 그림자와 나뭇잎 사이로 새어 들어오는 햇빛이 창문에 비치고,

창가와 테라스에서 작은 중앙 정원을 즐긴다.

집이나 정원에 전혀 흥미가 없었던 남편이 집을 짓는 과정에서 자극을 받아

호기심과 감성을 꽃피웠다.

(도쿄도, M 씨의 집)

1 2 | 3

4

1 중앙 정원과 마주한 2층 방의 창가는 걸터앉아서 시간을 보낼 수 있는 쾌적한 장소다. 2 주차 공간에는 포석을 나란히 깔고 흙 부분을 필라카네센스로 뒤덮었다. 응달에서도 잘 자라며, 햇빛을 맞으면 봄에 작은 꽃을 피운다. 3. 남쪽 정원에서 2층의 테라스를 올려다본 모습. 가지가 쑥쑥 자랐다. 4 방(앞쪽)과 테라스(안쪽)는 서로 보이는 위치여서 안도감을 준다.

양질의 소재가 만들어 내는
공간과 자연의 상승 효과

1 회반죽과 제재목으로 둘러싸인 2층의 거실에서는 곡면의 천장에 빛이 부드럽게 확산된다. 남쪽 정원 방향의 커다
란 창은 아래 창틀이 넓어서 걸터앉거나 눕기에 딱 좋다. 2 작은 창에는 격자문을 달았다. 에어컨이 두드러져 보이지
않도록 선반 안에 집어넣어 단정한 공간을 연출했다.

'식물은 전신주나 돌멩이와 다를 바 없는 것.' 이 집을 짓기 전까지만 해도 남편은 이렇게 생각했다. 집에 대해서도 '욕실, 화장실, 주방과 잘 곳만 있으면 되잖아?'라고 생각할 뿐 전혀 흥미를 느끼지 못했다고 한다. 그랬던 남편의 생각은 아내의 권유로 건축가 구마자와 야스코 씨의 집을 경험한 뒤 바뀌었다. 회반죽을 칠한 벽과 제재목으로 만들어진 구마자와 씨의 집은 넘쳐나는 식물들에 둘러싸여 있었고, 매우 안락해 보였다.

M 씨의 집은 주택들에 둘러싸여 있고 부지에도 여유가 없지만, 녹화(綠化) 공간이 세심하게 조성되어 있다. 몇 번씩 모퉁이를 돌아야 현관에 다다르는 어프로치에는 약간

의 여유 공간에도 초목을 심어 놓아서, 건축물과 식물이 손을 잡고 깊이감과 스토리를 만들어 내는 느낌이다.

많은 낙엽수를 심은 남쪽 정원은 작은 잡목림 같은 느낌을 준다. "조용한 이른 아침에 나뭇잎이 살랑거리는 소리가 들리면 참 기분이 좋아진답니다"라고 말하는 아내는 아침 일찍 일어나 장지문을 연 순간 눈에 들어오는 정원의 풍경을 좋아한다. 잠에서 덜 깬 채로 나무에 물을 주며 출근 준비로 바빠지기 전 평온한 한때를 보낸다. 3월 경부터는 꽃이 피기 시작하며, 가을까지 끊임없이 꽃이나 열매를 즐길 수 있다. 가지를 하나 꺾어서 방에 장식하는 것도 이 집에서 살기 시작한 뒤로 얻은 삶의 즐거움 중

1 | 2 3
　 | 　4

1 안쪽에 주방, 그 왼쪽에 다다미방이 있다. 주방 내부가 보이지 않도록 낮은 벽을 세웠다. 2 작은 창을 통해서 이웃집의 나무가 보인다. 3 주방 옆의 다다미방은 2.5평 정도의 아늑한 공간이다. 돗자리무늬의 천장은 높이를 억제했으며, 책장에서 책을 꺼내 데이베드에 누우면 뭐라 말할 수 없는 편안함을 맛볼 수 있다. 4 침실에서도 이웃집의 생울타리를 감상할 수 있다.

하나다. 중앙 정원을 내려다보는 2층 거실에는 아래 창틀이 깊은 커다란 창문이 있는데, 이 창틀은 걸터앉거나 누워서 나무들을 바라볼 수 있어 가족 모두의 사랑을 받고 있다. 또한 다다미방 앞에는 실내와 정원을 연결해 주는 테라스가 있어서 좀 더 직접적으로 나무들과 만날 수 있다. 풍요로운 정원 이외에도 작은 창문을 통해 인근의 초목도 즐길 수 있도록 교묘하게 설계되어 있어 마치 집 전체가 숲에 둘러싸인 듯한 감각을 이끌어 낸다.

장지문이나 격자문을 닫으면 개방감을 억제할 수도 있다. 바람에 흔들리는 초목이나 새의 실루엣이 비치는 모습은 그전까지 알지 못했던 자연을 즐기는 법을 깨닫게

해 준다.

"정원의 나무에 변화가 있으면 항상 남편이 제일 먼저 눈치를 채요." 이런 아내의 말처럼, 본래 활동적이어서 휴일에도 외출이 잦았던 남편은 이 집에서 살기 시작한 뒤로 집에서 보내는 시간이 늘었다고 한다. "집이 편하게 느껴져서 나갈 생각이 안 드는 것 같아요. 밖에서 시간을 보낼 때와 집에서 시간을 보낼 때가 명확해졌다고나 할까요?"(남편) 집을 만드는 과정에서 식물에 대한 관심도 늘어난 남편은 그전까지 무심코 밟고 다녔던 풀꽃들이 눈에 들어오게 되었다. 세상을 인식하는 깊이가 한층 깊어진 것이다.

1 다다미방에서 테라스 너머의 남쪽 정원을 바라본 광경. 정원이나 식물에 전혀 흥미가 없었던 남편은 이제 휴일이 되면 데이베드에 누워서 여유롭게 나무들을 바라본다. 딸이 더 어렸을 때는 테라스가 놀이터 역할을 했다. 2 복도 바닥에 비치는 나뭇잎의 그림자. 실내로 들어오는 햇빛의 각도가 계절의 변화를 깨닫게 해 준다. 3 현관에서 밖으로 나갈 때 지나가는 좁은 길에 지붕을 설치해 터널처럼 만듦으로써 깊이감과 스토리가 있는 어프로치가 완성되었다. 4 어프로치의 바닥은 콩자갈 노출 포장이다. 5·6·7 장지문은 빛과 그림자를 아름답게 비춘다. 동양적인 실루엣이 서양식 주택에 녹아들어 품격을 높인다.

1   2 3
     4 5
     6 7

식물의 그림자는
실물에 뒤지지 않는
찰나의 아름다움을
그려 낸다

no.6 ‖ M 씨의 집과 정원

부지 면적	136.86m²(41.4평)
총면적	99.83m²(자전거 거치소 포함)
	1F: 47.64m²(자전거 거치소 4.98m²)　2F: 47.64m²
준공	2016년
가족	부부+자녀 2명
설계	구마자와 야스코 건축 설계실
시공	미키 건설
조경	후와리(風)

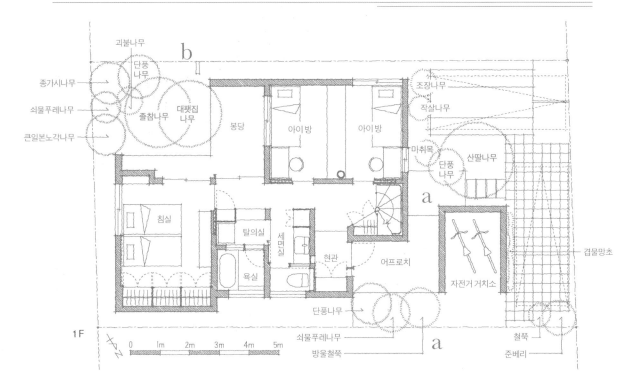

괴불나무
단풍나무
종가시나무
쇠물푸레나무
졸참나무
큰일본노각나무
대팻집나무
봉당
아이방
아이방
조장나무
작살나무
마취목
단풍나무
산딸나무
침실
탈의실
세면실
현관
어프로치
자전거 거치소
겹물망초
육실
단풍나무
쇠물푸레나무
방울철쭉
자전거 거치소
철쭉
준베리
1F
0　1m　2m　3m　4m　5m

ⓐ 어프로치

집 앞에는 자동차 2대를 주차할 수 있는 공간을 확보했는데, 그 부분에도 피복식물을 심고 작은 공간에도 초목을 심는 등 일체적인 정원으로 보이도록 궁리했다.

방울철쭉

쇠물푸레나무

산딸나무

단풍나무

마취목

작살나무

현관 어프로치의 옆에도 작은 식재 공간을 만들어 방울철쭉과 쇠물푸레나무, 단풍나무를 심었다. 레인체인을 이용해서 지붕에 내린 빗물을 흙으로 유도한다.

ⓑ 중앙 정원

비교적 일조 조건이 좋은 남쪽 정원에는 졸참나무와 대팻집나무를 중심으로 큰일본노각나무와 단풍나무 등의 낙엽수를 높은 밀도로 심어서 작은 잡목림을 만들었다. 나무 아래에는 적은 일조량에도 견딜 수 있는 산야초를 배치했다.

괴불나무

대팻집나무

졸참나무

종가시나무

큰일본노각나무

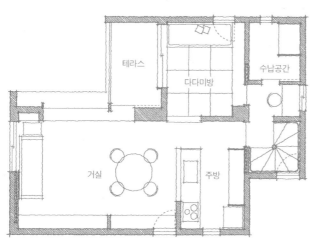

2 F

이 감귤류는 이웃집의 정원에서 뻗어 나온 가지다. 이웃의 식물이 서로 이어짐으로써 더욱 운치 있는 거리가 되어 간다.

주차 공간과 어프로치 사이의 작은 공간에도 낙엽수를 심어서 자동차가 없을 때도 건물과 일체화된 정원을 만들었다.

주차 공간에서 콘크리트를 깐 어프로치로 이어지는 부분에는 자연석을 깔아서 겹물망초와 함께 자연적인 분위기를 연출했다.

초록의 집 no. 07

중앙 정원을 둘러싸고 있는
실내에서 정원의 꽃을 감상한다.
부부 두 사람이 함께 변화를 즐기는 집

언젠가 부부 두 사람만 남을 것을 내다보고 제2의 인생을 즐기기 위해 만든 집.

대팻집나무가 무성한 중앙 정원을 둘러싸고 있는 하나의 플로어에서

모든 생활이 완결된다.

편안한 시간을 보낼 수 있는 매력적인 장소가 곳곳에 있어 어디에 있더라도

녹색 식물이 시야에 들어온다.

(도쿄도, O 씨의 집)

왼쪽: 거실에서 중앙 정원을 바라본 모습.
우드 데크와 한 단 낮은 오야석 바닥을 조
합시켰다. 대팻집나무의 잎이 석양볕을 조
절해 준다.
오른쪽: "2층에서 우드 데크에 있는 사람을
바라보는 것도 좋아해요."(아내) "내 집에서
내 집을 바라보면 왠지 마음이 포근해지기
마련이지요.(오라베 씨)

1

2

1 "대팻집나무는 잎이 떨어졌을 때도 줄기가 참 예뻐요."(아내) 왼쪽의 블록담은 도장을 하고 덩굴 식물인 멀꿀로 덮었다. 2 거실과 인접한 도로 쪽의 정원에 낮은 콘크리트벽을 둘러쳐서 사생활을 보호했다. 아내는 오른쪽에 심은 향동백이 꽃을 피울 날을 즐겁게 기다리고 있다.

1

2 3

1 거실의 중앙 정원과 인접한 쪽에는 천장까지 꽉 차는 높이 2.7미터의 창문을 설치해 개방감을 강조했다. 덕분에 대팻집나무의 전경은 물론 하늘까지 바라볼 수 있다. 2 건축가 호리베 씨는 설계할 때 O 씨의 장인어른이 그린 서양화를 이미지의 바탕으로 삼았다고 한다. 3 현관 창문의 격자를 깊게 만든 이유는 움직일 때마다 바깥에 있는 식물의 모습이 다르게 보이는 효과를 의식해서다.

정원의 한 부분을 도려내
액자에 담은 것 같은
코너창은 아내의 특등석

1 식당 안쪽으로 거실이 이어진다. 한눈에 모든 것이 보이지 않는 구조가 깊이감을 만
들어 낸다. 하나로 연결되어 있는 플로어는 장소별로 천장의 높이나 마감재, 빛의 질에
변화를 줌으로써 공간의 흐름에 리듬감을 부여했다. 2 주방의 코너창은 붙박이창+통
풍용 작은 창으로 구성되어 있다. 불필요한 선이 없어 정원이 더욱 또렷하게 보인다. 정
원의 블록담을 덮고 있는 잎은 일조량이 적은 장소에서도 번식력이 왕성한 멀꿀이다.

침실 앞의 넓은 툇마루에도 오야석을 깔아서 반(半)실외의 분위기를 연출했다. 중앙 정원의 우드 데크와 단차가 없어 심리적으로도 정원과의 거리가 가까워졌다.

"이 집은 이사한 직후부터 정말 살기 편한 곳이었어요. 저한테 딱 맞춰져 있어서 참 기분이 좋더라고요. 이런 게 설계구나 하고 느꼈어요."(아내)

O 씨 부부에게는 오랜 세월 자신들의 취향에 맞춰서 손을 본, 애착이 가는 집이 있었다. 아담한 정원에 나무를 심어 놓고 차를 마시면서 풍경을 즐겼다고 한다. 그러나 가까운 미래에 부부 두 사람만의 생활이 시작될 것에 대비해 좀 더 살기 편한 집을 짓기로 했다. 건축가인 호리베 야스시 씨는 O 씨의 아내가 소중히 여겨 온 가구와 돌아가신 장인어른이 그린 회화, 정원의 자연과 친하게 지내는 라이프스타일을 그대로 계승할 수 있는 집을 만든다는 목표 아래 설계에 임했다.

호리베 씨는 밀집한 주택가에 위치한 동서로 길쭉한 부지에 정원 네 개가 있는 집을 구상했다. 거리 분위기를 좋게 하는 어프로치, 도로와 인접한 동쪽 정원, 거실·식당과 넓은 툇마루, 침실에 둘러싸인 중앙 정원, 뒤쪽 정원의 역할을 하는 서쪽 정원이다. 중앙 정원은 3분의 2를 우드 데크와 오야석으로 덮어서 유지 관리에 들어가는 수고를 줄였고, 대팻집나무를 상징목으로 선택했다. 거실에서는 높이 2.7미터의 커다란 창문을 통해 이 대팻집나무를 꼭대기까지 올려다볼 수 있다. 또한 여름에는 나뭇잎이 무성해져서 석양을 막아 주는 중요한 역할도 한다. 천장의 높이를 거실보다 억제한 식당에서는 낮은 코너창이 액자처럼 정원의 풍경을 담고 있다. 의자에 앉았을 때의 시선을 기준으로 구성되어 있어서, "넓은 테이블에 혼자 앉아 있을 때도 정원으로 눈이 향하기 때문에 외롭지 않아요"라고 아내는 말했다.

중앙 정원을 바라보면서 오야석이 깔린 툇마루의 안쪽으로 들어가면 침실과 세면실, 욕실이 나온다. 시니어 세대인 부부가 노후에도 편하게 생활할 수 있도록 고심한 공간 배치. 호리베 씨는 "바닥에 오야석을 깐 이유는 실외의 분위기를 내고 싶어서입니다. 침실로 이동할 때 별채에 가는 기분을 느끼게 하고 싶었습니다"라고 말했다. 툇마루가 외부와의 경계를 모호하게 만들어서 우드 데크와 실내를 오가기가 매우 수월하다. 독립한 자녀들이 각자 가족을 데리고 놀러 올 때도 많은데, 열 명 정도가 모이면 우드 데크가 식사 공간이나 놀이 공간으로 변신한다.

집을 꾸미는 솜씨가 일품이어서 "정원에 핀 꽃을 장식하는 것이 즐거워요"라고 말하는 아내. 정원의 식재는 그런 아내를 염두에 두고 선정한 것이다. 아내는 그중에서도 거실의 낮은 창을 통해서 보이는 (동백나무의 일종인) 향동백을 가장 마음에 들어 한다. "콘크리트의 회색을 배경으로 핑크색 꽃이 피는 모습이 뭐라 말할 수 없이 예뻐요. 꽃집에서 파는 꽃이 아무리 예뻐도 정원에서 피는 꽃보다는 못하지요."

익숙한 풍경의 중앙 정원도 슬릿창을 통해서 바라보면 신선함이 느껴진다. 아롭손 램프로 따뜻함을 곁들였다.

실내와 실외가 뒤섞여 있는
유연하고 자유로운 여백

1 나무 바닥의 가사 공간과 오야석 바닥의 툇마루. 작은 책상에 앉아서 친구에게 일 러스트가 담긴 엽서를 쓰는 것이 아내의 하루 일과다. 오른쪽에는 세면실과 욕실이 있다. 2 2층에 있는 다다미방은 아내가 기모노를 입는 방으로, 자녀들이 왔을 때는 손님방으로도 사용한다. 3 침대의 머리맡 쪽을 나무벽으로 만든 안락한 침실. 통풍 용 작은 창으로도 뒤쪽 정원의 나무와 풀이 들여다보인다. 4 거실 앞의 작은 정원을 손질할 때는 현관 포치 옆의 나무문으로 드나든다. 정면에 보이는 것은 휴가물나무. 5 약간 어둡고 닫힌 공간으로 연출된 현관은 생활 공간의 개방성과 대비를 이룸으 로써 양쪽의 매력을 돋보이게 한다. 왼쪽에는 주방에서도 이동할 수 있는 편리한 창 고가 있다. 보이지 않는 동선의 충실함이 보이는 공간의 쾌적성을 뒷받침한다.

no.7 │ O 씨의 집과 정원

부지 면적	225.05㎡(68.19평)
총면적	142.96㎡
	1F: 108.10㎡ 2F: 34.86㎡
준공	2015년
가족	부부+자녀 1명
설계	호리베 야스시 건축 설계 사무소
시공	미야시마 공무점
조경	다치 조원

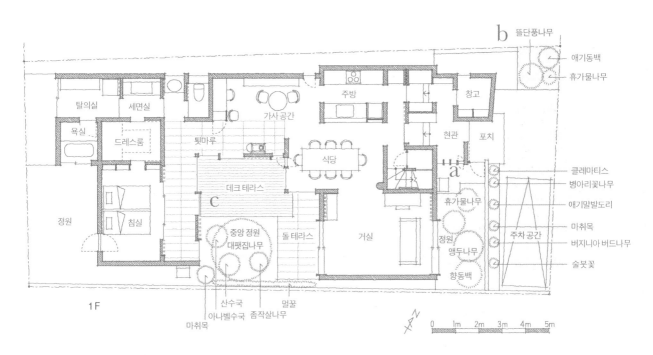

b 뜰단풍나무
애기동백
휴가물나무
클레마티스
병아리꽃나무
애기말발도리
마취목
버지니아 버드나무
술붓꽃

탈의실　세면실
욕실　드레스룸
주방
창고
가사 공간
틋마루
현관　포치
식당
데크 테라스
a
c
휴가물나무
정원　침실
중앙 정원
대팻집나무
돌 테라스
거실
주차 공간
정원
앵두나무
향동백

산수국
아나벨수국　좀작살나무
멀꿀
마취목

1F

0　1m　2m　3m　4m　5m

---

a 앞쪽 정원 　거실의 낮은 창을 통해서 바라보기 위한 정원. 향동백, 앵두나무, 휴가물나무 등 꽃이나 열매를 즐길 수 있는 나무를 심었다. 낮은 눈높이에서 바라보는 정원이기에 줄기의 아름다움도 고려해 선정했다.

앵두나무

향동백

클레마티스

병아리꽃나무

b 입구

주차 공간의 안쪽에는 거실 앞의 작은 정원을 숨기는 콘크리트 벽을 세우고 그 앞에 나무를 심을 공간을 마련했다. 자동차가 없을 때도 황량해 보이지 않고 통행인의 눈을 즐겁게 해 준다.

뜰단풍나무

애기동백

휴가물나무

2 F

부지 구석에 심은 나무는 거리의 경관을 풍요롭게 만드는 소중한 존재다. 뜰단풍나무를 중심으로, 아래에는 애기동백과 여러 종류의 풀을 심었다

c 중앙 정원

상징목인 대팻집나무 아래에 응달에서도 잘 자라고 꽃을 즐길 수 있는 저목류(低木類)와 베고니아나 대상화 등 꽃꽂이를 해서 즐길 수 있는 풀꽃을 함께 심었다.

좀작살나무

멀꿀

대팻집나무

산수국

아나벨수국

마취목

빛과 그림자가 교차하는 집.
실내에서도 실외에서도
식물을 즐긴다

정원에 흙밖에 없었던 이 집으로 이사를 온 지도 10년이라는 세월이 흘렀다.

"이런 모습이 되리라고는 상상도 못했어요"라고 말하는 아내.

물건 만들기와 식물을 좋아하는 남편은 아직도 정원에 대한 망상을 멈추지 않고

주말마다 식물들과 씨름을 계속하고 있다.

(도쿄 도, M 씨의 집)

왼쪽: 주방에 서면 중앙 정원이 눈에 들어온다. 남편은 사방에 도랑을 파고 물을 순환시켜 송사리가 헤엄치는 여울을 만들었다.

오른쪽: 모르타르 바닥인 거실과 테라스에는 자연스러운 연속감이 있다. 레이스 커튼이 나뭇잎 사이로 비치는 햇살을 받으며 바람에 흔들린다. 봄에는 바깥의 테이블에서 아침 식사를 하거나 티타임을 즐긴다.

하고 싶은 것을
이것저것 자유롭게
실현해 나가는
정원이라는 실험장

```
2 3
1 4   7
5 6
```

1 정원 일을 하다가 힘이 들면 거실 앞 테라스의 의자에 앉아 잠시 쉰다. 2 식당·주방 상부의 루프테라스에는 남편이 만든 포도덩굴시렁이 그늘을 만든다. 3 올해는 일일이 봉지 씌우기를 포기했을 만큼 포도가 대량으로 열매를 맺었다. 단맛이 강한 포도다. 4 남쪽 정원으로 들어가는 입구의 펜스에 있는 'NEKOJITA'라는 사인은 아내가 이따금 문을 여는 수제 디저트집의 간판이다. 5 남편이 흙을 깊게 파서 만든 연못. "개구리가 낳은 알이 올챙이였을 때는 참 귀여웠는데, 순식간에 개구리로 성장해 대합창을 시작하니 이제는 난감하네요."(아내) 6 풀을 뽑는 고생을 줄이고자 조경 회사에 의뢰해 정원길에 자갈 노출 포장을 했다. 7 중앙 정원에는 계수나무를 중심으로 그 아래에 일조 시간이 한정된 환경에서도 잘 자라는 식물을 배치했다.

명(明)과 암(暗), 유(柔)와 강(剛)
빛이 엇갈리고 소재가 만난다

1 직선적이고 경질(硬質)인 콘크리트, 부드러움이 느껴지는 식물과 앤티크 가구가 대비를 이루는 실내. 2 그림에 재능이 있는 아내는 테이블 코디네이션 센스도 발군이다. 3 옥상에서 가지가 휠 만큼 열매를 맺은 포도를 유리그릇에 담아 식탁으로 가져왔다. 곁들인 잎에서 싱싱함이 전해진다. 4 원탁에는 레이스 테이블센터 위에 크리스털 화분을 올려놓고 정원의 덩굴 식물을 장식했다. 5 식당의 창가를 식물로 장식하기 위해 가구에 맞춰 호두나무 판으로 격자 선반을 만들었다. 디자인은 아내, 제작은 남편.

<table>
<tr><td rowspan="2">1</td><td>2</td><td>3</td></tr>
<tr><td>4</td><td>5</td></tr>
</table>

"10년 전에 나무 한 그루 없었던 이곳으로 이사를 와서 식물을 심기 시작했어요. 식물의 성장은 참 빠르네요." 아내는 이렇게 말했지만, 건물의 윤곽이 보이지 않을 만큼 식물로 뒤덮인 외벽을 보고 있자면 그 말이 도저히 믿기지 않는다. 외벽만이 아니다. 거실·식당과 인접한 앞쪽 정원, 각 방에서 들여다보이는 중앙 정원에도 초목이 넘쳐난다. "거리를 걷다가 멋진 나무를 발견하면 사 와서 심었는데, 처음 사 왔을 때는 전부 높이가 고작해야 제 키 정도였답니다."(아내) 정원 대부분은 남편이 혼자서 만들었다고 한다. 엔지니어이자 설계가 본업인 남편에게 본격적인 정원 조성은 처음 경험하는 일이었다. M 씨의 집은 방들이 중앙 정원을 둘러싸는 코트하우스 양식의 건물

이다. 현관으로 들어가면 후키누케의 커다란 유리창 너머로 중앙 정원의 풍경이 눈에 들어오는데, 마치 식물원에 온 듯한 기분이 든다.

건물의 설계는 아베 쓰토무 씨가 담당했다. 공간과 식물의 일체성을 추구하는 설계 스타일이 마음에 든다며 아내가 몇 년 전부터 점찍어 놓았던 건축가다. 아베 씨는 일 때문에 5년 동안 살았던 태국의 건축에서 큰 영향을 받았다고 한다. 태국에서는 옥내와 옥외의 구분이 모호하며, 정원은 그저 바라보는 곳이 아니라 생활의 일부다. M 씨의 집에도 그런 태국 건축의 특징이 담겨 있다.

"옥내를 이동하면서 여러 가지 변화를 느낄 수 있는 공간을 만들었습니다."(아베 씨) 1층에서는 거실과 식당·주방,

현관 홀 등의 공간이 중앙 정원을 둘러싸고 있다. 문의 형태로 뚫린 콘크리트 벽을 지나서 앞으로 나아갈 때마다 명과 암, 개방과 폐쇄가 대비를 이루며 전개된다. 어떤 창문에서나 정원의 녹색 식물이 보여서 벽과 천장의 딱딱한 느낌을 중화시켜 준다. 거실의 바닥이 콘크리트인 이유는 중앙 정원과 앞쪽 정원을 연결하는 '반(半)옥외' 공간임을 표현하기 위해서이며, 이를 통해 옥내와 옥외가 서로 녹아들면서 경계가 모호해졌다.

"아베 씨의 건축은 군더더기가 없고 제 나름대로 변화를 줄 수 있는 자유가 있어서 좋아요."(아내) 심플한 디자인이 콘크리트와 제재목, 회반죽 같은 소재의 느낌을 더욱 두드러지게 만들고, 앤티크 가구나 레이스, 인도어 그린

을 이용한 아내의 장식에 힘을 불어넣는다.

왕성하게 자라는 식물의 기세에 눌리지 않고 그대로 받아들이는 캔버스와도 같은 집. 5년 정도가 지날 무렵부터 식물들이 쑥쑥 자라났고, 10년 동안의 끊임없는 관리가 이 집을 하나의 생명체처럼 성장시켰다. 정원에 관심을 쏟을수록 집에 대한 애착은 점점 커져만 간다. 주말이 되면 남편은 거의 해가 질 때까지 정원 일을 한다. "아직도 하고 싶은 게 산더미처럼 많습니다"라고 말하는 남편을 아내는 마치 개구쟁이 아들을 보는 듯한 시선으로 바라본다. 충분히 완성형으로 보이는 정원이지만, 남편은 아직도 성에 차지 않는 모양이다.

1

2
3

1 실내와 창밖의 녹색 식물이 멋진 균형을 이루는 식당. 오른쪽으로 들어가면 거실이 나온다. 2 검은 화강암 천장의 개방형 주방에서 중앙 정원을 바라보며 작업을 한다. 천창(天窓)에서는 포도 잎을 통과하면서 초록색으로 물든 빛이 들어온다. 3 이웃집과 인접한 주방의 창문에서는 월계수 생울타리와 굵게 자란 포도 가지가 보인다.

고개를 들어 올려다보면
중앙 정원은 또 다른
얼굴을 보여준다

1	2	5
	3	
	4	6

1 현관으로 들어오면 이렇게 중앙 정원이 들여다보인
다. 계단 위가 뚫려 있는 후키누케 구조여서 크게 자란
계수나무의 꼭대기까지 볼 수 있다. 2 2층의 선룸과 인
접한 세면대. 창문 너머로 보이는 식물과 거울에 비친
식물이 뒤섞인다. 3 제2거실에서 바라본 중앙 정원. 알
로카시아 오도라의 잎이 남국의 정취를 물씬 풍긴다.
4 제2거실의 벽에 설치한 거울 3개에 중앙 정원의 식
물이 비친다. '초록색'을 더욱 강화하기 위한 테크닉.
5 2층의 선룸에서는 중앙 정원 너머로 루프테라스의
포도덩굴시렁이 보인다. 햇볕이 잘 들어 몬스테라 등 대
형 관엽 식물을 키우기에 안성맞춤이다. 6 후키누케에
는 이국적인 샹들리에를 달았다.

no.8 ‖ M 씨의 집과 정원

부지 면적	189.76㎡(57.40평)
총면적	163.00㎡
	1F: 79.11㎡　2F: 63.55㎡
준공	2009년
가족	부부
설계	아베 쓰토무/ARTEC
시공	시노자키 공무점
조경	자력 시공

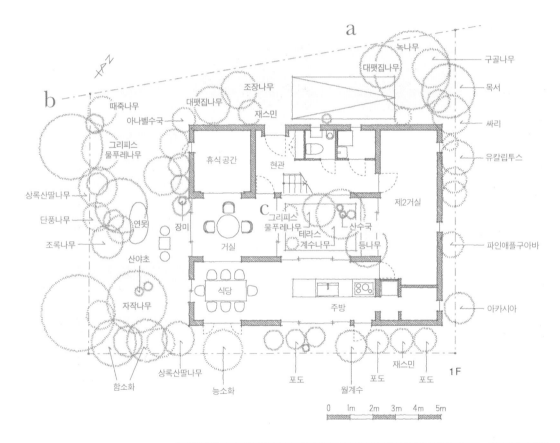

a

녹나무
대팻집나무
구골나무
목서
싸리
조장나무
재스민
유칼립투스

b

때죽나무
대팻집나무
아나벨수국
그리피스
물푸레나무

휴식 공간
현관
제2거실

상록산딸나무
단풍나무
조록나무
산야초
자작나무

연못
장미
거실
식당

c
그리피스
물푸레나무
테라스
계수나무
산수국
등나무
파인애플구아바

주방
아카시아

함소화
상록산딸나무
능소화
포도
월계수
포도
재스민
포도

1F

0　1m　2m　3m　4m　5m

ⓐ 입구

현관 옆에는 대팻집나무와 조장나무
처럼 줄기가 아름다워 시선을 끄는
고목(高木)과 함께 다종다양한 식물
로 앞쪽 정원을 구성했다. 현관문 주
위에는 재스민과 장미를 심어 화려
함을 더했다.

자작나무

상록산딸나무

단풍나무

때죽나무

올리브

조록나무

준베리

b 정원

상징목으로 자작나무를 심어 별 장지에 온 것 같은 분위기를 연출하고, 단풍나무와 조록나무 등 사계절의 변화를 즐길 수 있는 낙엽수와 올리브와 준베리 등 열매를 즐길 수 있는 나무도 심었다.

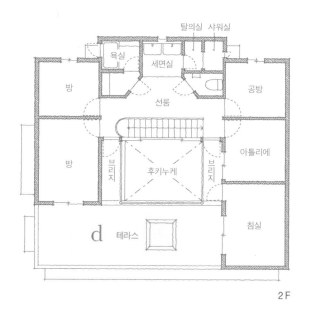

2 F

d 루프테라스

루프테라스에는 덩굴시렁을 직접 만들고 포도와 등나무, 목향 장미 같은 덩굴성 식물을 심어서 아래에서는 볼 수 없는 또 다른 세계를 만들어 냈다.

포도

등나무

목향장미

c 중앙 정원

고목(高木)으로 계수나무와 그리피스물푸레나무를 심고, 주위의 외벽을 휘감도록 마삭줄과 등나무 같은 덩굴 식물을 심어서 입체적으로 구성했다. 사방에 도랑을 파 물을 순환시킴으로써 정원을 항상 촉촉하게 만들었다.

산수국

계수나무

보존림의 경치를 담은 창가와 함께하는
평온한 일상

자연과 이웃하는 생활을 추구하며 교외의 토지를 물색하던
K 씨 부부는 보존림을 바라보는 주택지의 한구석을 선택했다.
식당에 커다란 코너창을 만들어 보존림의 경치를 빌려오고,
숲으로 이어지는 정원을 만들었다.
그리고 바람과 빛, 새소리에서 '안도감'을 얻는다.

(이바라키 현, K 씨의 집)

왼쪽: 침실 창문에서는 앞쪽 정원의 푸른너도밤
나무 너머로 보존림이 보인다. 삼베 커튼이 바람
에 상쾌하게 흔들린다.
오른쪽: 식당은 보존림의 풍경을 감상할 수 있는
최고의 관람석이다. 아래 창틀의 높이는 걸터앉
기에 딱 적당한 45센티미터로 설정했다.

문을 열면 푸른 자연이
눈에 들어온다.
그것이 하루의 시작

1 식당의 코너창에는 발을 끼운 문이 설치되어 있어 개방과 차폐의 변화를 즐길 수 있다. 2 "사람에게는 몸을 숨길 장소도 필요합니다"라고 말하는 건축가 데시마 씨. 작게 공간을 나눈 소파 코너는 몸을 감싸는 듯한 편안함을 준다. 오른쪽의 굵은 기둥은 회화나무로, 다다미방의 장식 기둥과 같은 목재를 사용했다.

1 | 2

흰 벽을 통해 시시각각으로
변화하는 빛의 분위기를 즐긴다

1	3
2	

1 여백이 넘치는 공간이라고도 할 수 있는 거실에는 푹신푹신한 페르시아 양탄자가 깔려 있어서, 그 위에 앉거나 누울 수 있다. 의자를 창가 쪽으로 옮겨 놓는 등 새로운 배치를 발견하는 즐거움도 있다. 2 주방은 수납 가구를 통해서 거실과 구분되어 있지만, 상부가 개방되어 있어 스트레스 없이 대화를 나눌 수 있다. 3 거실과 침실을 연결하는 계단실은 천장에서 빛이 들어온다. 계단을 계속 올라가면 옥상이 나온다.

1 현관의 낮은 창을 통해서 중앙 정원을 바라본 모습. 한쪽 미닫이창의 창틀이 보이지 않게 해서 정원과의 자연스러운 연속감을 부여했다. 봉당의 색은 간토 롬층의 붉은 흙과 잘 어울리는 색을 골랐다. 2 낮은 창의 격자 망문을 닫으면 개방감이 약해져 또 다른 분위기를 느낄 수 있다. 3 현관 중간에서 바닥이 한 단 높아지도록 만들어 바깥쪽과 안쪽의 단차를 완화시켰다. 문을 열면 곧바로 작은 정원이 눈에 들어온다. 4 유리 미닫이문 너머에는 욕실과 다다미방이 있다. 정면에 창을 설치해 시선이 막히지 않도록 했다.

1
2
3
4

천연 소재가 만들어 내는
단정하고 정갈한 분위기

"아침에 문을 열면 숲이 눈에 들어옵니다. 이런 경치를 보면서 하루를 시작한다는 건 참 행복한 일이지요." 남편은 이렇게 말했다. 부부 모두 등산이 취미여서 집도 대자연 속에 짓는 것이 꿈이었지만, 출퇴근의 편의성도 포기하고 싶지 않았다. 그래서 절충안으로 선택한 곳이 남쪽에 광대한 보존림이 있는 이 주택지였다. "뭔가를 고를 때 굉장히 신중한 편인데, 이 토지만큼은 금방 결정했어요." 아내는 이 주택지와의 만남을 이렇게 회상했다.

보존림은 지역의 NPO가 식목 활동 등을 통해서 정비를 하고 있기에 앞으로도 사라질 가능성이 거의 없는 녹지대다. 낙엽수와 상록수가 섞여 있는 푸른 숲에는 과거에 참매가 살았으며, 지금도 꿩의 모습을 종종 볼 수 있다고 한다. 2층의 식당은 이 보존림을 코앞에서 감상할 수 있는 장소다. 실내 차고가 필요해서 북쪽에 건물을 배치하는 통상적인 스타일이 아니라 남북에 두 동을 배치하고 계단실로 연결하는 방식을 선택했다. 차고 위에는 식당을 배치했는데, 창가가 숲 쪽으로 튀어나와서 현장감이 한층 강해졌다. 아래 창틀은 걸터앉아서 벤치처럼 사용할 수 있도록 깊게 만들었고, 다이닝테이블보다 높이를 낮게 설정했다. 그러자 시야 가득 펼쳐지는 보존림의 풍경을 손에 넣을 수 있었다. 전면 도로에서 부지 안쪽으로 이어지는 차고 옆 정원은 세컨드 카의 주차 공간을 겸하

		3	5
1	2	4	6

1 다실로도 사용하는 다다미방. 코너 창에서는 생울타리 용도로 심은 함소화와 사스레피나무 같은 상록수가 보인다. 2 거실 창에서 내려다본 기름나무와 다다미방. 3 욕실에서 보이는 중앙 정원에는 주목(主木)인 팥배나무 외에 흰 꽃과 붉은 열매가 나는 민윤노리나무를 심었다. 4 노송나무 벽과 천장으로 둘러싸인 세면실에서는 은은한 향기가 감돈다. 5 침실 창을 통해서 바라본 모습. 회색으로 칠한 판자 외벽과 초록 식물의 조화가 절묘하다. 자기 집의 겉모습을 집 안에서 바라보는 기분은 뭐라 말하기 힘든 특별함이 있다. 6 차분한 분위기의 침실. 침대의 머리맡 쪽을 향해 낮아지는 경사 천장이 편안한 수면을 유도한다.

며, 보존림과의 연속성을 의식해서 선택한 식물들로 꾸
몄다. 1층의 다다미방이나 2층의 침실에서 보이는 정원
의 경치는 숲과 위화감 없이 이어져 전체가 다 자신의 정
원인 듯한 착각을 불러일으킨다. 이런 효과를 얻을 수 있
었던 것은 방에서 바깥이 어떻게 보일지 정확히 계산한
설계 덕분이다. 건축가인 데시마 씨가 직접 건물 설계와
병행해서 대략적인 식재 계획을 세운 뒤 조경사에게 바
통을 넘긴 덕분에 건축과 정원이 톱니바퀴처럼 정교하게
맞물려 있다. 현관의 낮은 창처럼 사람들에게 잘 보이는
장소뿐만 아니라 복도의 막다른 곳에도 창을 설치해 초
목이 보이도록 주도면밀하게 계획한 덕분에 자연에 둘러

싸인 감각을 얻을 수 있었다.

"창문을 열면 나무들이 바람에 흔들리는 소리나 새들이
지저귀는 소리가 들려서 굳이 음악을 틀 필요가 없습니
다." 이런 남편의 말처럼, 두 사람이 살기에는 조금 큰 집
임에도 쓸쓸하지 않은 이유는 어떤 창문에서든 식물들
이 보여 안도감을 주기 때문이다. 이사를 계기로 잠시 일
을 쉬고 있는 아내는 마음 놓고 정원 가꾸기에 정성을 쏟
고 있다. "환경이 나쁜 장소라도 뿌리를 내리고 사는 식
물을 보면 많은 것을 깨닫게 돼요. 생명의 소중함을 느끼
며 하루하루를 소중히 여기며 살게 된 것 같네요."

no.9 ‖ K 씨의 집과 정원

부지 면적	181.05㎡(54.77평)
총면적	132.20㎡
	1F: 45.69㎡ 2F: 86.51㎡
준공	2016년
가족	부부
설계	데시마 다모쓰 건축 사무소
시공	신켄고샤 설계
조경	나무와 풀

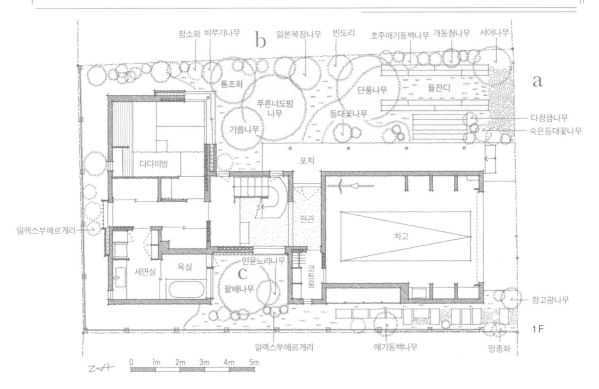

일본복장나무 빈도리 호주애기동백나무 개동청나무 서어나무
함소화 비쭈기나무
통조화
단풍나무 들잔디
기름나무
푸른너도밤나무
등대꽃나무
다정큼나무
숙은등대꽃나무
포치
다다미방
일렉스부에르게리
현관
차고
세면실 욕실 민윤노리나무
C
코트룸
팥배나무
항고광나무
일렉스부에르게리
애기동백나무
망종화
1F

0 1m 2m 3m 4m 5m

서어나무

개동청나무

ⓐ 어프로치

주차를 하지 않았을 때도 텅 비어 보이지 않도록 생울타리와 상징목인 단풍나무를 심었다. 주차 부분은 지피식물(Ground Cover Plants)로 덮고, 타이어가 밟고 지나가는 부분만 침목으로 보강했다.

호주애기동백나무

단풍나무

다정큼나무

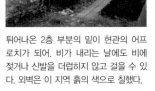

튀어나온 2층 부분의 밑이 현관의 어프로치가 되어, 비가 내리는 날에도 비에 젖거나 신발을 더럽히지 않고 걸을 수 있다. 외벽은 이 지역 흙의 색으로 칠했다.

ⓑ 앞쪽 정원

다다미방에서 보이는 정원인 동시에 귀가한 사람이 현관으로 가는 도중에 볼 수 있는 정원이기 때문에 양쪽의 시선을 의식해서 식물을 배치했다.

함소화

비쭈기나무

푸른너도밤나무

기름나무

통조화

다다미방의 창 앞에는 푸른너도밤나무와 기름나무, 통조화 같은 낙엽수를 심었다. 겨울이 되면 잎이 떨어져 밝은 정원이 된다.

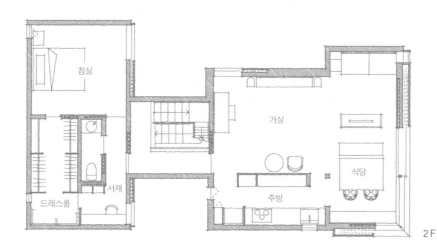
2 F

ⓒ 중앙 정원

현관과 욕실에서 보이는 작은 정원. 담장 옆에는 상록수인 일렉스부에르게리를 촘촘하게 심어 생울타리로 삼았다. 중앙에 심은 키가 큰 팥배나무는 2층 서재의 창가에 다채로움을 더해 준다.

팥배나무

민윤노리나무

일렉스부에르게리

현관문을 열면 정면에 보이는 함소화는 상록수여서 겨울에도 정원을 풍성하게 해 준다.

작은 집과 별채와 정원.
음악과 식물로 감성을 키운다

밀도가 높은 주택지의 좁고 긴 부지에 작은 중앙 정원을 사이에 두고
아담한 안채와 음악실인 별채가 마주보고 있다.
육각형의 별채 주위를 바람이 스쳐 지나가며
자연의 섭리에 대한 두 아이의 호기심을 불러일으킨다.

(도쿄 도, 구라타 씨의 집)

왼쪽: 거실과 식당의 창문을 벽 속으로 밀어넣으면 실내와 중앙 정원이 완전히 하나로 융합된다.
오른쪽: 거실에서 중앙 정원 너머로 별채를 보면 중앙 정원의 식물과 별채 안쪽에 보이는 식물이 서로 이어져 있는 것처럼 보여서 넓게 느껴진다. 별채의 외벽은 스위스의 교회를 참고해서 지붕재인 서양측백나무 싱글로 만들었다.

여름에는 나뭇잎 사이로 내려쬐는 햇살,
겨울에는 따뜻한 양달
중앙 정원에서 계절의 변화를 느낀다

1 별채에 있어도 거실에 있는 가족이 보이기 때문에 독립성은 높지만 고립된 느낌은 없다. 중앙 정원 앞쪽에 쇠물푸레 나무를 심어서 원근감을 연출했다. 2 현관 포치에는 보더타일을 깔았다. 어프로치에는 사고석과 화강암을 조합시켜 부드러운 분위기를 연출했다. 3 후키누케 구조의 거실. 4 모서리를 깎아 낸 날씬한 카운터로 주방과 거실을 살짝 구분했다. 5 벽을 향하고 있는 주방에는 블랙미러를 붙였다. "나뭇잎이 흔들리는 모습을 거울로 보면서 요리해요."(아내)

1 | 2 3
| 4 5

왼쪽: 별채의 양옆과 뒤쪽에도 식물들을 심어 놓은 작은 길이 있어서, 아이들이 나뭇잎을 헤치며 별채 주변을 탐험할 수 있다.
오른쪽: 동서로 20미터인 부지의 길이를 최대한 활용한 공간 배치로 거리감과 깊이감을 연출했다. 보트하우스를 모티프로 삼은 별채가 작은 공간에 밀도 있는 경관을 만들어 준다.

현관으로 들어가 거실을 빠져나가면 중앙 정원과 그 너머의 '별채'를 만나게 된다. 약 43평의 부지는 폭 7미터, 길이 20미터이며 동서로 길쭉한 형태. 처음에 구라타 씨는 과연 이곳에 집을 지을 수 있을지 불안했지만, 건축가인 사토 데쓰야 씨와 후세 유코 씨는 '뭔가 만들어 낼 수 있을 것 같아'라며 기대감을 부풀렸다. 그 '뭔가'가 의도적으로 안채와 완전히 분리시킨 별채. 안채와 별채에 각각 개성이 다른 세계관을 부여함으로써 실제 넓이 이상의 풍요로운 공간을 만들어 낼 수 있다고 생각한 것이다.

부부가 건축가에게 전달한 요청 사항은 '정원이 있을 것'과 '집은 작아도 좋지만 아이들이 마음껏 악기를 연주할 수 있는 공간을 설치할 것'이었다. 구라타 씨의 집에서는 아들이 피아노, 딸이 첼로를 연주하며 가족 모두가 음악이 있는 생활을 즐기고 있었기 때문이다. 또한 별채는 집에서 일을 할 때가 많은 남편의 서재도 겸하고 있다.

"안과 밖이 위화감 없이 연결되는, 건물과 정원의 자연스러운 관계성을 모색했습니다. 그리고 별채를 육각형으로 만들면 시선도 공기도 빛도 매끄럽게 흘러서 그 너머의 공간을 상상할 수 있을 것 같다는 아이디어를 떠올렸지요."(후세 씨) 별채 주위에는 다양한 크기의 공간이 만들어졌고, 빽빽하게 심은 각종 식물들이 그 공간을 둘러싸고 있다. 서양측백나무를 붙인 외벽은 식물과도 잘 조화를 이룬다.

봄부터 초여름에는 식당과 거실의 창문을 열고 지내면 기분이 좋다. 그리고 쇠물푸레나무 두 그루의 잎이 무성해지면 중앙 정원에 녹색 터널이 생긴다. 건평 13평의 안채는 상당히 미니멀한 구조지만 후키누케 구조의 거실을 중심으로 만들어진 편안한 공간으로, 정원을 향해 나 있는 커다란 창문이 개방감을 연출한다. 별채를 포함한 중앙 정원의 경치는 이 작은 집에 면적으로는 규정되지 않는 넉넉함을 부여하고 있다.

생활의 편리함을 중시하는 아내는 별채를 만든다는 아이디어를 고민 끝에 받아들였지만, "정말 잘한 선택이었어요"라고 웃으며 말했다. "안채는 모든 방이 연결되어 있어서 가족이 집 안 어디에 있든 항상 함께 있는 느낌인데, 별채 덕분에 기분을 전환할 수 있었지요."

악기를 연주할 때는 일단 안채를 떠나서 비(非)일상적인 공간인 별채로 간다. 안채와 별채를 오갈 때마다 바깥 공기를 접하고 초목의 변화를 보는 것이 아이들의 감성과 호기심을 자극한다.

"나무에 귤을 가져다 놓으면 금방 없어져요. 직박구리 같은 새들이 먹어 버리거든요." 동식물에 대한 흥미가 높아진 아들이 의기양양하게 설명한다. 작은 집과 별채와 정원에는 아이들에게 중요한 것이 전부 갖춰져 있다.

너무 멀지도, 너무 가깝지도 않은
이쪽과 저쪽이 있다는 행복

1 안채의 2층에서 후키누케의 높은 창을 통해 내려다본 별채의 우산처럼 생긴 지붕이 사랑스러움을 더한다. 2 어디선가 씨가 날아왔는지, 아니면 새가 옮겼는지, 심은 기억이 없는 식물이 싹을 틔울 때가 있다. 3 아버지의 일안 반사식 카메라로 열심히 식물을 촬영하는 아들. 핑크색 꽃은 '하루이치방'이라는 품종의 철쭉이다. 4 별채 옆을 지나갈 수 있도록 만들어진 작은 길. 그 너머에 무엇이 있는지 궁금하지 않느냐며 유혹하는 것 같다. 5 상록풍년화의 꽃은 부드러운 실을 다발로 묶어 놓은 것 같은 섬세함이 있다. 6 그랜드피아노가 놓여 있는 별채. 창가에 CD와 악보, 남편의 업무용 서적 등을 수납할 책장을 만들었다. T자 모양의 창을 통해 초록의 식물과 푸른 하늘을 느끼면서 연주할 수 있다.

no.10 ║ 구라타 씨의 집과 정원

부지 면적	140.78㎡(42.58평)
총면적	91.07㎡(27.548평)
	1F: 41.95㎡ 2F: 35.36㎡ 별채: 13.76㎡
준공	2016년
가족	부부+자녀 2명
설계	사토·후세 건축 사무소
시공	미야시마 공무점
조경	고스이

ⓐ 뒤쪽 정원

육각형의 별채 주위에 생긴 공간에는 배롱나무와 가는잎조팝나무 등 꽃을 즐길 수 있는 초목 이외에 레몬과 준베리 등 열매를 맺는 나무도 심었다. 또한 작은 길을 만들고 관리가 편하도록 풀로 덮었다.

준베리

배롱나무

퍼진철쭉

레몬

망종화

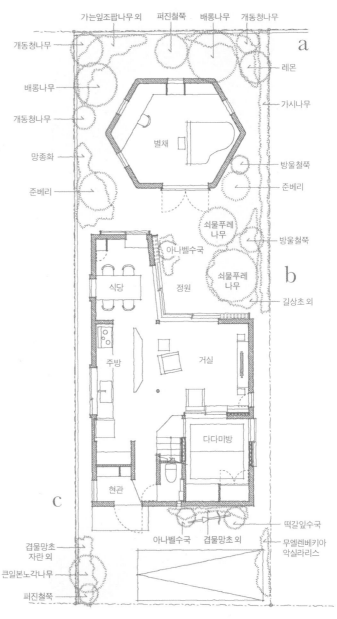

1F

철쭉

아나벨수국

방울철쭉

상록풍년화

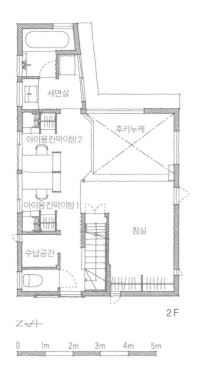
쇠물푸레나무

ⓑ 중앙 정원

거실과 식당, 별채에 둘러싸인 중앙 정원. 지면의
넓은 부분을 석판 또는 데크 자재로 덮어서 생활
하기 편하게 만들고 주목(主木)으로 쇠물푸레나무
두 그루를 심어 아치를 형성했다.

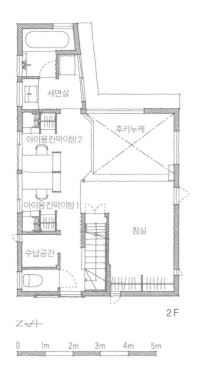

2 F

0   1m   2m   3m   4m   5m

식당도 창을 벽으로 밀어넣어 완전히 개방할 수 있는 구조다. 중앙 정원의 바닥
이 돌로 덮여 있어서 실내와 가까운 감각으로 지낼 수 있다.

왼쪽: 이웃과의 경계에는 나무 울타리를 둘러치고 그 앞에 상록수를 심어서 생
울타리를 만듦으로써 살풍경해 보이지 않도록 했다.
오른쪽: 나무흙손으로 거칠게 미장을 한 외벽, 현관에서 안쪽에 있는 중앙 정원
이 훤히 들여다보이는 구조여서 길쭉한 부지를 활용한 깊이감을 느낄 수 있다.

ⓒ 어프로치

어프로치의 상징목은 적갈색의 줄기가 아름다운
다간 수형의 큰일본노각나무다. 밑에는 자란과 겹
물망초 등을 덮었다.

떡갈잎수국

무엘렌베키아
악실라리스

자란

겹물망초

큰일본노각나무

초록의 집 no. 11

유리벽의 3층 건물에 사는
두 가구를 중앙 정원이 연결한다

설계 사무소를 겸하는 건축가의 자택은 두 가구가 함께 사는 3층 건물.

식물의 유기질적인 모습이 유리와 콘크리트로 구성된

무기질적인 건물에 부드러움을 보탠다.

정원은 가구 사이의 분위기를 전달하고 일하는 사람에게 휴식 공간이 되어 준다.

(사이타마 현, 세키모토 씨의 집)

왼쪽: 2층에서 중앙 정원을 내려다본 모습. 바닥에 깔린 흰 돌이 햇빛이 들어오지 않는 계절에도 밝은 분위기를 만들어 준다. 이따금 세키모토 씨가 직접 가지의 상태를 보면서 가지치기를 한다.
오른쪽: 배롱나무와 벚나무 아래에서 올려다본 유리벽의 주거 부분. 2층에 세키모토 씨 가구, 3층에 부모 가구가 살고 있다. 식물의 유기적인 라인이 건물의 직선적이고 무기질적인 느낌을 완화시켜 준다.

녹음이 짙은 사무실에서 일하는 틈틈이
창밖을 바라보며 숨을 돌린다

| 1 | 2 |

1 1층 사무실의 미팅 코너 창을 물푸레나무 잎이 뒤덮고 있어 맞은편 2층에 있는 주거 부분을 숨겨 준다. 2 주거지와 사무실의 현관은 하나다. 중앙 정원과 일체화된 어프로치에는 목재 데크가 깔려 있고, 세키모토 씨의 어머니가 계절마다 꽃을 심어 놓는다.

남동쪽의 창가는
관엽 식물의 지정석.
중앙 정원의 식물과 호응한다

2 1

3

1 2층에 위치한 세키모토 씨 가구의 거실·식당·주방. 왼쪽이 도로와 인접한 창문이고, 오른쪽이 중앙정원과 인접한 창문이다. 낮은 벽을 세워서 주방을 감추고, 매단 선반 위에는 간접 조명을 설치했다. 왼쪽에 보이는 의자는 해리 베르토이아의 다이아몬드 체어다. 2 식사를 할 때 중앙 정원의 식물이 자연스럽게 눈에 들어온다. 3 볕이 잘 드는 남동쪽의 창가는 작은 온실 같은 느낌을 준다.

3층 건물의 유리벽으로 둘러싸인 중앙 정원. 12년 전에 완성되었을 당시, 건물 안쪽으로 극히 일부만 보이는 정원에 흥미를 느껴 가던 길을 멈추고 들여다보는 사람도 많았다고 한다.

이곳은 건축가 세키모토 류타 씨의 자택으로, 2가구 주택+사무실로 구성되어 있다. 1층은 설계 사무소, 2층에는 세키모토 씨 부부와 아들이 살고, 3층에는 세키모토 씨의 부모가 거주한다. 동서의 두 동을 현관과 계단실로 연결한 '역(逆)디근자' 형태의 건물이 중앙 정원을 둘러싸고 있다. "생활 동선은 층별로 나뉘어 있지만, 중앙 정원 너머로 서로가 생활하는 모습이 은연중에 전해집니다. 가족이 함께 사는 기분을 충족시킬 수 있지 않을까 싶어

서 그렇게 설계했습니다."(세키모토 씨)

이웃집이 있는 남쪽에는 창이 거의 설치되어 있지 않지만, 중앙 정원 쪽은 대담하게 유리벽으로 되어 있어 빛과 바람이 실내로 풍성하게 들어온다. 중앙 정원과 가까운 식당에서는 식물의 변화에서 계절을 깨닫고, 바람을 느끼면서 살 수 있다.

설계 사무소를 찾아오는 고객은 정원의 풍경을 즐기면서 데크를 덮은 긴 어프로치를 걸어 현관에 다다른다. 미팅 공간에서는 창문을 통해 자연 수형이 살아 있는 정원을 가까이서 볼 수 있으며, 녹음(綠陰)이 편안한 분위기를 만들어 준다.

정원을 디자인한 사람은 고스이의 미나토 마사히토 씨

다. 정원 디자인을 의뢰할 때 세키모토 씨가 건넨 이미지 스케치와는 상당히 다른 형태로 디자인되었다고 한다. "저는 주위를 걸으면서 감상할 수 있는 정원을 생각했었는데, 미나토 씨의 계획은 중앙에 넓은 공간을 만드는 것이었습니다. 게다가 그곳에 흰 대리석이 깔리기 시작했을 때는 제가 생각했던 이미지와 너무 달랐던 탓에 깜짝 놀랐지요. 하지만 넓은 하얀 바닥 덕분에 높은 건물에 둘러싸인 중앙 정원이 굉장히 밝아지더군요. 봄에는 테이블을 내놓고 설계 사무소의 직원들과 밥을 먹을 수도 있고요."

관리의 부담을 최대한 줄이기 위해 넓은 범위를 대리석과 데크로 덮고 흙 부분에는 특별히 관리할 필요가 없는 잡초류를 심었다. 그러나 정원 가꾸기를 좋아하는 어머니를 위해 자유롭게 식물을 심을 수 있는 공간을 남겨 놓았다. 계절마다 화초의 모종을 사 와서 변화를 주는 것이 부지런한 어머니의 즐거움이 되고 있다.

최근 10년 사이 정원수의 가지를 다듬는 즐거움을 알게 되었다는 세키모토 씨는 최근 들어 인도어 그린에도 흥미가 생겼다. 덕분에 거실에는 관엽 식물의 수가 계속해서 늘어나고 있다. 뿌리에 물을 주고 분무기로 잎에도 물을 뿌려 줘야 하는 등 할 일이 점점 늘고 있지만, "돌봐 줘야 할 자식이 더 늘어난 기분이네요"라고 말하는 것을 보면 싫지 않은 모양이다.

| 1 | 2 | 3 | 4 |
| 5 | 6 | 7 | 8 |

1 건조한 환경에 강한 식물을 여러 종류 매달아서 창가를 입체적으로 장식했다. 2 창틀 아랫부분의 깊이는 작은 화분을 놓기에 딱 알맞다. 3 들어오는 햇살을 이용해서 드라이플라워를 만든다. 4 플라워 어레인지먼트를 즐기는 아내가 자주 꽃을 장식한다. 5 부모가 사는 3층도 2층과 거의 같은 구조다. 중앙 정원 쪽의 빛이 들어오는 복도에 화분을 늘어놓았다. 6 세키모토 씨 가구의 현관으로 이어지는 복도. 노출 콘크리트 벽에는 아들이 어렸을 적에 그린 작품을 걸었다. 7 현관 옆에는 상록수인 초령목을 심었다. 나무 밑의 화초를 계절마다 자주 바꾸며 변화를 즐긴다. 8 부모 가구의 거실에는 에버프레시가 놓여 있다. 창문의 디자인은 아들 가구와 같지만, 개성이 드러나 있다.

no.11 ║ 세키모토 씨의 집과 정원

부지 면적	150.40㎡(45.49평)
총면적	222.70㎡
	1F: 46.92㎡ 2F: 87.89㎡ 3F: 87.89㎡
준공	2007년
가족	부부+자녀 1명, 양친, 동생
설계	세키모토 류타/리오타 디자인
시공	호리오 건설
조경	미나토 마사히토/고스이

열려 있는 작은 공간에 오래된 돌절구를 놓아서 버드바스로 삼자 조금은 예술적인 공간이 되었다.

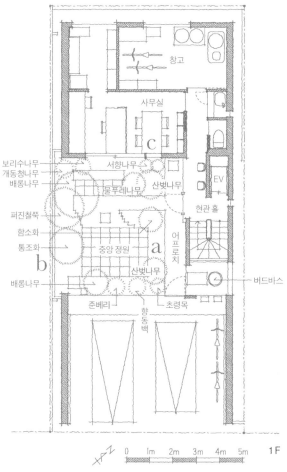

보리수나무
개동청나무
배롱나무
서향나무
물푸레나무
산벚나무
창고
사무실
c
EV
현관 홀
어프로치
퍼진철쭉
함소화
통조화
b
중앙 정원
a
산벚나무
배롱나무
버드바스
준베리
향동백
초령목

0 1m 2m 3m 4m 5m   1F

ⓑ 담 쪽 지역

펜스 쪽에는 꽃과 줄기의 아름다움을 즐길 수 있는 배롱나무, 장식술처럼 생긴 꽃이 특징적인 통조화를 심었다. 부식에 강한 이페라는 목재를 사용한 펜스에는 으름덩굴이 감겨 있다.

배롱나무

퍼진철쭉

ⓐ 도로 쪽 지역

중앙 정원에서 주차 공간이 그대로 들여다보이지 않도록 가로막는 지역. 준베리 등 열매를 맺는 나무와 상록수인 향동백을 펜스 형태로 심었다.

향동백

준베리

초령목

으름덩굴

서향나무

산벚나무

물푸레나무

마삭줄

ⓒ 창가 지역

사무실의 창과 가까운 곳에는 서향나무와 산벚나무, 물푸레나무를 배치하고, 창 주위에는 마삭줄을 심었다. 벤치는 휴식 장소의 역할과 함께 정원을 장식하는 아이템 기능도 한다.

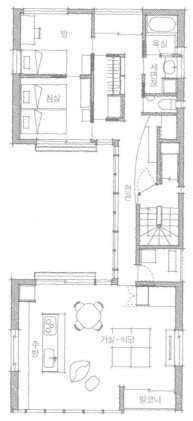

2F

중앙 정원의 좌측 안쪽이 도로와 인접한 주차 공간이어서, 건물에 둘러싸인 정원이면서도 양호한 통풍 상태가 유지된다.

외등과 두 세대의 인터폰을 문 기둥에 모아 놓고 메일박스 두 개를 나란히 배치했다. 방문한 사람은 정원에 대한 기대감을 품으면서 현관으로 이어지는 어프로치를 걷는다.

초록의 집 no. 12

작은 테라스가 정원과 실내를 연결하고,
무성하게 자란 초목을 가족 모두가 즐긴다

식물이 와일드하게 뒤얽혀 있는 집을 동경해, 잡목으로 둘러싸인 정원을 만들었다.

크지는 않지만 여러 종류의 나무와 풀로 뒤덮인 정원은 테라스를 통해 실내와 연결된다.

가족들은 오늘도 정원이 더욱더 번성할 그날을 고대한다.

(도쿄 도, 가네코 씨의 집)

왼쪽: 낮이 되면 테라스를 향해 열린 식당의 창에서 햇살이 들어오고, 그것을 오크제 바닥이 받는다.
오른쪽: 갈고랑이 모양으로 테라스를 둘러싸고 있는 식당과 거실. 크고 작은 인도어 그린과 들꽃이 실내를 장식하고 있다.

데크를 깔아서 만든 구석진 테라스는
정원과 실내의 중간 영역

온갖 나무가 우거진 정원과 거실을 테라스가 연결한다. 2년 사이 가지와 잎이 무성해져 건너편 건물이 신경 쓰이지 않게 된 덕분에 활짝 열어 놓고 지낼 수 있게 되었다.

'덥수룩한 집.' 이것은 가네코 씨 부부가 자신들이 지향하는 집을 장난스럽게 묘사한 표현이다. 무성하게 자란 식물에 둘러싸여서 생활한다는 이 이미지는 예전에 살았던 낡은 연립주택의 앞쪽 정원에 그 기원을 두고 있다. 손질이 되어 있지 않은 와일드한 정원에서 맹렬한 기세로 자라나는 식물에 압도되면서도 그 식물들과 함께 생활하는 것을 마음 편하게 느꼈다고 한다. 부부는 그 분위기를 새로운 집에도 가져가기를 바랐다. 집의 설계를 안도 아틀리에에 맡긴 이유는 '녹색 식물이 잘 어울리는' 자연스러우면서도 단정한 집을 설계한다고 느꼈기 때문이었다.

가네코 씨 부부의 집에는 크게 세 개의 정원이 있다. 현관 어프로치 주변의 정원과 북쪽의 다다미방에서 바라볼 수 있는 일본풍 정원, 그리고 남쪽에 있는 앞쪽 정원이다. 메인 정원은 산딸나무가 중심인 남쪽 정원으로, 거실과 식당에 둘러싸인 안길이가 깊은 테라스가 실내와 실외를 연결하고 있다.

"서서히 나뭇가지들이 겹치면서 울창해지는 느낌이 좋아요." 아내는 이렇게 말했다. 건축가인 안도 가즈히로 씨와 다노 에리 씨는 건물의 네 귀퉁이를 오목하게 만들어서 식물을 심을 공간을 마련했다. "요철이 많은 평면 형상으로 만들고 그곳에 식물을 배치함으로써 식물이 집

안으로 파고들게 했습니다. 그리고 실내 어디에 있더라도 시야가 막히지 않고 식물이 눈에 들어오도록 곳곳에 창과 문을 설치했습니다. 식물이 자라서 집 전체를 감싸는 것이 이상적이지만, 목조 건물은 손상되기 쉽기 때문에 식물과 적당한 거리를 유지할 필요도 있습니다."(안도 씨) 덕분에 작은 창문 등 열리는 곳은 어디에서나 식물이 보이며, 창문을 열면 통풍도 매우 잘 된다. 딸은 테라스에 있는 해먹에 누워 몸을 흔들기도 하고, 애견 도모와 놀기도 한다. 테라스는 지붕과 돌출된 벽의 보호를 받고 있어 실내에 가까운 안도감이 있으며, 길가에서의 시선은 나뭇잎이 차단해 준다.

두 번의 여름을 맞이하는 동안 정원은 몰라보게 성장했다. "처음 완성되었을 때는 아직 나무가 덜 자라서 건너편 건물의 시선이 신경 쓰였는데, 지금은 쥐똥나무와 소귀나무가 무성해진 덕분에 마음 편하게 지낼 수 있게 되었습니다."(남편)
아내는 정원에 핀 꽃을 꺾어서 장식하거나 소귀나무 열매로 잼을 만들기도 한다. 예전에는 그저 바라볼 뿐이었지만, 자신의 정원이 생기자 적극적으로 관여하고 있다. 요즘은 딸이 어느새 나무와 꽃의 이름을 외운 것에 놀라고 있다. '덥수룩한 집'이 완성될 몇 년 후에는 과연 얼마나 많은 식물의 이름을 알게 될지 기대가 된다.

바닥에 비치는 나뭇잎의 그림자에 마음을 빼앗기는 사치스러운 경험

	2	3
1	4	5
		6

1 정원수와 돌출된 벽의 보호를 받는 안길이가 깊은 테라스는 나만의 공간이라는 느낌이 있어 편안하다. "여름에는 딸을 위해 비닐 수영장을 꺼내 놓는데, 해먹에 올라타서 물에 발을 담근 채 몸을 흔들면 기분이 참 좋습니다."(남편) 2 창가에는 대형 꽃가게에서 조금씩 사 모은 관엽 식물을 놓았다. 유리창에 정원의 식물이 비쳐서 녹색이 한층 짙게 보인다. 3 테라스에서 노는 딸과 토이푸들 도모. 미닫이창을 열어 놓으면 테라스는 거실의 연장이 된다. 4 아내는 자신의 정원을 가진 뒤로 식물이나 정원 가꾸기, 들새 등에 관한 책을 사서 지식을 쌓고 있다. 5 작은 창의 아래 창틀에도 나무 열매나 작은 화분을 장식해 놓고 바깥의 경치와 함께 즐긴다. 6 테라스에서 거실, 나아가 우측 안쪽의 다다미방까지 들여다보인다. 모든 창문을 초목이 가득 채우고 있는 것은 설계의 콘셉트대로이며, 통풍도 매우 좋다.

```
1    3
          | 5
2    4    |
```

1 작은 자갈이 도드라지도록 만든 노출 포장 공법의 현관 바닥. 시선 끝에 있는 개동청나무가 거리의 시선으로부터 내부를 보호한다. 2 맨발로 다닐 때가 많은 욕실의 바닥은 두꺼운 삼나무판을 사용해서 촉감이 부드럽다. 3 캐비닛 위의 스킨답서스나 선반에 매달아 놓은 박쥐난이 시선을 끈다. 4 침실의 머리맡에는 야콥손 램프를 설치했다. 높이를 억제한 경사 천장이 숙면을 부른다. 중요한 방의 벽은 전부 규조토로 마감을 했다. 5 어떤 창에서나 식물이 보이도록 계산해서 정원을 만들었다.

no.12 ‖ 가네코 씨의 집과 정원

부지 면적	167.64m²(50.71평)
총면적	126.13m²
	1F: 61.45m²　2F: 60.27m²
준공	2016년
가족	부부+자녀 1명
설계	안도 아틀리에
시공	미야시마 공무점
조경	구리타 신조/사이엔

문기둥 앞쪽에는 둥근 잎이 특징적인 계수나무를, 계수나무 아래에는 봄에 선명한 노란색 꽃을 피우는 망종화를 심었다. 노출 포장을 한 바닥과 콘크리트 평판 계단을 조합했다.

ⓐ 어프로치

주차 공간의 오른쪽에도 식물을 심을 공간을 마련하고 계수나무를 중심으로 윤곽을 형성했다. 어프로치 왼쪽에 있는 팥배나무는 식당의 작은 창에서도 보인다.

사스레피나무　당단풍나무　황매화
비쭈기나무 트리컬러
금목서
단풍나무
상록풍년화
북쪽 정원
예비실
큰일본노각나무
비쭈기나무
기름나무
거실
주방
어프로치
ⓐ
자전거 거치소
남천
초령목
테라스
팥배나무
계수나무
정금나무
설구화
졸참나무
목서
배롱나무
앵두나무
산딸나무
개동청나무
감차수국
설구화
꽃유자나무　소귀나무

b
c
1F
0　1m　2m　3m　4m　5m

계수나무

금목서

남천

개동청나무

차분한 분위기의 북쪽 정원을 바라볼 수 있는 다다미방. 이웃집을 의식해 미닫이창의 높이를 억제했다.

2F

ⓑ **북쪽 정원**

낙엽수로는 큰일본노각나무, 단풍나무, 당단풍나무, 상록수로는 금목서, 마취목, 비쭈기나무 등을 심어 차분한 풍경을 만들어 냈다. 일조량을 고려해 중저목(中低木)은 일조량이 적어도 잘 자라는 종류를 선택했다.

큰일본노각나무

단풍나무

당단풍나무

ⓒ **남쪽 정원**

거실과 식당에서 경치를 즐길 수 있는 동시에 외부의 시선으로부터 실내의 사생활을 보호해 주는 정원. 산딸나무를 중심으로 앵두나무, 소귀나무, 참회나무 등 꽃이나 열매를 즐길 수 있는 나무를 섞어서 심었다.

산딸나무

졸참나무

소귀나무

설구화

고목(高木)인 산딸나무를 중목(中木)의 상록수가 둘러싸고 있는 정원은 결코 넓지는 않지만 다양한 식물이 있어서 계절별로 변화를 즐길 수 있다. 높이를 억제한 판자 울타리는 위압감을 주지 않고 통풍도 잘 된다.

집에서 동그랗게 튀어나온 부분은 아내가 혼자서 운영하는 빵집 '릴르오팡'이다. 앞쪽 정원이 거리 쪽으로 개방되어 지나가는 사람들의 눈을 즐겁게 한다.

거리 쪽으로 개방한
빵집 앞의 정원.
거실에서는 공원을
내 집 정원으로

아내가 어렸을 때부터 동경했던 빵집을
집에 함께 짓고, 점두를 장식하는 정원을 개방해
지나가는 사람들의 눈을 즐겁게 만들었다.
한편 사적인 공간에서는
공공재인 공원의 혜택을 누린다.
공사의 경계를 모호하게 넘나드는
여유로움의 제안.

(도쿄 도, 시마오카 씨의 집)

시마오카 씨의 집은 기치조지 역에서 도보로 수 분 거리의, 상업 구역에서 주택지로 전환되는 경계에 자리하고 있다. 불에 그슬린 삼나무판 벽의 건물에는 밖으로 튀어나온 곡면의 벽이 있는데, 장인의 손자국이 남아 있는 표정이 풍부한 미장 마감, 쇠와 유리로 구성된 차양, 복고적인 분위기의 외등이 캐릭터성을 발휘해 사람들의 눈길을 끈다. 또한 앞쪽 정원에서는 다종다양한 식물이 유럽의 그림책에서 튀어나온 것 같은 다채로운 분위기를 연출한다. 이 튀어나온 부분은 아내가 혼자서 운영하는 빵집의 쇼케이스 겸 판매 창구다. 주거 공간의 현관은 앞쪽 정원의 무성한 식물들을 헤치듯이 나아가면 도달하는 후미진 곳에 자리하고 있다.

한편 천장이 높은 후키누케 구조의 거실에서는 개방적인 인상의 앞쪽 정원과는 전혀 다른 빽빽한 대나무 숲이 보인다. 이 숲은 공원의 녹지이므로 풍경이 바뀔 일은 당분간 없다. 시마오카 씨가 니코 설계실에 설계를 의뢰했을 때 우선적으로 고려한 요청 사항이 바로 이 대나무 숲의 경치를 이용하는 것이었다고 한다. 거실의 바닥을 높게 설정한 이유는 공원과의 경계에 있는 펜스를 시야에서 지우는 동시에 사생활을 확보하기 위해서이다. 식당·주방은 여기에서 다시 반 층이 더 높은 나선 형태의 스킵 플로어(스플릿 플로어)다. 테이블 옆에 있는 작은 창은 거실에서 볼 때와는 다른 느낌의 대나무 숲 풍경을 포착해 준다.

"이곳에서 살게 된 뒤로 마음이 편안해진 기분입니다. 대나무 숲속에서 새소리가 들리고, 여름에는 시원한 바람이 기분 좋게 불어오지요." 남편은 이렇게 말했다. 상업 지구가 시야에 들어오지 않도록 건물의 각도를 설정하고 식물을 배치한 덕분에 테라스에 서 있으면 마치 별장지에 있는 듯한 기분을 느낄 수 있다.

아내의 빵 공방은 본래 남편의 모터사이클 주차장으로 사용하기 위해 설계된 곳이었다고 한다. 그런데 건설 도중에 아내가 '어렸을 때부터 빵집을 운영해 보고 싶었다'고 고백한 것을 계기로 계획을 급히 변경해 공방과 점포의 역할을 할 수 있도록 기능과 디자인을 추가했고, 남편은 한동안 모터사이클에서 멀어지게 되었다.

"빵집을 시작한 것도 있어서, 주변 사람들의 사랑을 받을 수 있는 집과 정원으로 만들자고 생각했어요. 앞쪽 정원을 충실하게 만들면 길을 지나가는 사람들의 눈요기도 될 테니까요."(아내)

처음에 조경사가 심어 준 초목뿐만 아니라 나중에 심은 팬지와 제라늄도 쑥쑥 자라고 있다. 남편은 아침에 출근할 때 잡초가 눈에 들어오면 뽑는 습관이 생겼다. "정원을 우리만 독점하기보다는 개방해서 거리와 하나가 되도록 만드는 편이 우리에게도 더 의미가 있어요"라고 말하는 아내. 덕분에 이 집은 사랑받는 랜드마크로 착실하게 성장하고 있다.

숲에서 불어오는 시원한 바람이
도시 속에 있음을 잊게 만든다

1 대나무 숲을 바라보는 테라스는 거실의 연장인 동시에 아들의 놀이터로도 활용되고 있다. 2 현관에 이르는 좁은 길의 양 옆에는 저목(低木)과 풀꽃이 무성하다. 어린 아들에게는 마치 숲처럼 느껴질 것이다. 3 인접한 공원에서 대나무 숲 사이로 바라본 외관. 4 거실을 1.5층의 높이로 올림으로써 공원 쪽의 시야를 크게 개방하는 동시에 사생활을 보호했다. 거실의 바닥은 타일 바닥이며, 곡면을 그리는 벽은 의도적으로 흙손 자국을 남긴 미장 마감이다. 풍요로운 소재감이 집 밖의 자연과 공명한다.

박력 넘치는 경관과 조화를 이루는
소재, 색, 약동하는 공간

식당은 거실보다 1미터가 더 높아서, 공간이 넓게 느껴지는 동시에 거실과는 다른 시점으로 대나무 숲의 풍경을 즐길 수 있다.

식당·주방의 벽은 오야석으로, 나무 들보와 존재감을 경쟁하면서도 조화를 이룬다. 정면의 벽은 모래가 섞인 도료로 칠했다.

건물 안의 중앙 정원에는
가족만의 시간이 흐른다

1		3	4
2		5	6

1 중앙 정원 쪽으로 크게 열려 있는 거실에서는 상징목인 계수나무와 빵 공방의 작은 창이 보인다. 세로로 붙인 적삼목 판자가 후키누케의 개방 감을 강조해 준다. 오른쪽 위의 브리지는 아이 방으로 이어지는 통로다. 2 상업 구역과 인접한 남서쪽에는 의도적으로 높은 판자벽을 세워서 내 부를 보호했다. 3 주방에서 아이 방으로 이어지는 브리지를 바라보는 사 람에게 호기심과 흥미를 가져다준다. 4 아이 방에는 작은 창이 있어서 식 당·주방이나 거실에 있는 가족과 연결된다. 5 브리지의 창가에는 밝은 데 스크 코너가 있다. 미래에는 아들이 공부하는 공간이 될 것이다. 6 천장에 는 적삼목 판자를 덮고 바닥은 모르타르 노출 마감을 한, 다양한 소재감이 공존하는 현관. 바닥이 소파를 놓을 수 있을 만큼 넉넉하다.

no.13 ∥ 시마오카 씨의 집과 정원

부지 면적	191.77㎡(58.01평)
총면적	156.51㎡
	B1F: 29.09㎡ 1F: 70.81㎡ 2F: 56.61㎡
준공	2016년
가족	부부+자녀 1명
설계	니코 설계실
시공	우치다 산업
조경	다카하시엔

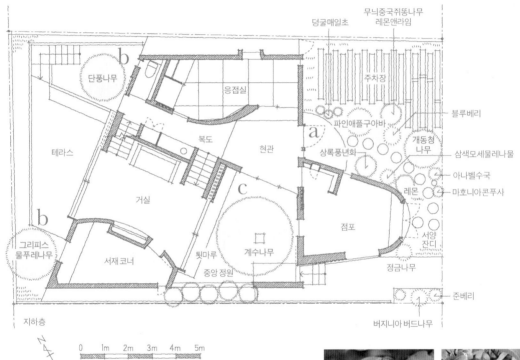

덩굴매일초
무늬중국쥐똥나무
레몬앤라임
주차장
블루베리
파인애플구아바
개동청나무
삼색모세물레나물
상록풍년화
아나벨수국
마호니아콘푸사
레몬
서양잔디
응접실
복도
현관
점포
a
테라스
거실
서재 코너
b
그리피스
물푸레나무
b
단풍나무
c
계수나무
툇마루
중앙 정원
정금나무
준베리
버지니아 버드나무
지하층
N

0 1m 2m 3m 4m 5m

ⓐ 앞쪽 정원

점포 주위의 분위기를 돋우고 거리에 활력을 주는 앞쪽 정원.
상록수인 개동청나무를 중심으로 레몬과 파인애플구아바, 블루
베리 등 꽃이나 열매를 즐길 수 있는 식물을 심었다.

개동청나무

레몬

블루베리

파인애플구아바

마호니아콘푸사

아나벨수국

ⓑ 안쪽 정원

대나무 숲이 끊기는 테라스의 동쪽과 상업지구 사이에 상록수인 그리피스물푸레나무를 배치함으로써 느슨하게 거리를 뒀다. 서쪽에는 단풍을 즐길 수 있는 낙엽수인 단풍나무를 배치했다.

그리피스물푸레나무　　단풍나무

실내와 똑같이 미장 마감을 한 현관 주변의 벽. 분위기 있는 외등이 잘 어울린다. 우편물을 넣는 구멍 옆에 수국 드라이플라워를 장식했다.

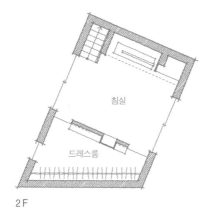

침실

드레스룸

2 F

테라스 옆에 심은 그리피스물푸레나무가 쑥쑥 가지를 뻗어 공원의 초록색에 녹아들기 시작했다.

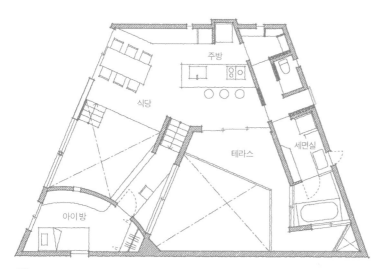

주방

식당

테라스

세면실

아이방

1 F

ⓒ 중앙 정원

중앙 정원의 상징목은 계수나무다. 다간 수형과 둥근 잎이 아름답고, 가을이 되면 노란색으로 물든 잎을 즐길 수 있는 튼튼한 나무다. 얇은 잎 사이로 햇살이 들어와 중앙 정원을 밝게 만든다.

계수나무

중앙 정원의 울타리에는 응달에서도 잘 자라는 저목(低木) 상록수를 심었다. 불에 그슬린 삼나무판으로 울타리를 둘러서 중앙 정원의 사생활을 보호했다.

푸른 식물을 즐길 수 있는
집과 아름다운 정원을
만들기 위한 힌트

PART 1

푸른 식물을 즐길 수 있는 집을 만들기 위한 힌트

역(逆)디귿자 형태의 건물로서 거실과 침실이 마주보고 있지만, 그 사이에 정원이 자리하고 있어 사생활이 보호되기에 거실에서 상징목을 꼭대기까지 전부 감상할 수 있도록 미닫이창에 높은 창을 조합했다.(P78~89 'O 씨의 집' 설계/호리베 야스시 건축 설계 사무소)

1

정원을 의식한 창, 창을 의식한 정원을 만든다

공간 구성과 한 몸인 창의 디자인은 정원의 디자인과 완벽한 호응을 이룰 때 비로소 완결된다. 천장이 높은 방이라면 세로로 길쭉한 창을 설치해 고목(高木)과 하늘을 올려다보며 즐기고, 멋진 바깥 풍경을 기대할 수 없는 장소에서는 낮은 창을 설치해 저목(低木)이나 풀을 즐기는 식으로 창의 성질에 맞춰 정원을 디자인하자.

2

푸른 식물을 즐길 수 있는 어프로치를 만든다

도로와 현관 포치를 직선으로 연결시켜서는 멋이 없다. 어프로치를 우회시켜 조금이라도 거리를 확보하고 집에 들어가기 전까지 기대감이 부풀도록 만들자. 부지에 여유가 없더라도 건축과 외부 구조의 설계를 동시에 진행하면 이런 것을 가능케 할 수 있다. 식물을 배치할 때 높이가 다른 나무를 섞어서 심어 리드미컬하게 변화를 주면 보는 맛이 있는 어프로치가 된다.

마사토를 다져서 만든 정원길이 구불거리며 안쪽으로 이어진다. 퍼걸러 발코니의 입구를 지나서 폭이 좁은 현관 앞에 도착한다. 앞쪽은 밝은 분위기의 정원이지만, 안쪽으로 들어가면 차분한 분위기의 일본식 정원으로 변화한다.(P32~43 '구리타 씨의 집' 설계/가제코보)

3

남향만 고집하지 말고 북쪽 정원의 매력도 활용한다

다다미방 북쪽의 높이를 억제한 창에서 바라보는 정원에는 당단풍나무 외에 마취목과 사스레피나무 같은 상록수도 함께 심었다.(P134~143 '가네코 씨의 집' 설계/안도 아틀리에)

양달을 좋아하는 일본 사람들은 남쪽으로 낸 창을 무조건 선호하는 경향이 있는데, 북쪽으로 낸 창에서도 안정적으로 햇빛을 받은 아름다운 식물을 볼 수 있다. 차분한 일본풍 정원도 마음에 안정감을 주는 좋은 정원이다. 식물은 햇빛이 없어도 잘 자라는 종류를 고르자. 무늬가 있거나 색이 밝은 것을 섞으면 분위기가 가라앉는 상황을 피할 수 있다.

4

주변의 식물도 끌어들여서 경관으로 삼는다

커다란 코너창을 설치해 도로 너머에 펼쳐져 있는 보존림의 풍경을 담았다. 식당은 2층에 있기 때문에 지나가는 사람들의 시선을 피할 수 있지만, 장지문을 닫아서 그 사이로 비치는 식물의 모습을 즐길 수도 있다. (P102~113 'K 씨의 집' 설계/데시마 다모쓰 건축 사무소)

부지 주변에 녹지나 가로수 등 공공시설의 식물이 있을 경우, 그 경관이 보이도록 창을 설치하면 실내에서 자연을 느낄 수 있다. 다만 사생활을 침해받지 않도록 궁리할 필요가 있다. 통행인이나 이웃과 시선이 마주치지 않도록 창의 위치를 배치하면 커튼을 치지 않고 녹색 식물의 포근함을 충분히 맛볼 수 있다.

중앙 정원을 둘러싸는 코트하우스에서 실내의 바닥과 실외의 데크가 같은 높이로 평평하게 이어져 있다. 마감재는 실외가 나무이고 실내가 오야석으로, 일반적인 패턴을 역전시킨 발상이 독특하다.(P78~89 'O 씨의 집' 설계/호리베 야스시 건축 설계 사무소)

5

실내와 실외를
밀접하게 연결한다

실내와 실외에 연속감을 부여하면 실내가 훨씬 넓게 느껴지도록 만들 수 있다. 이를 위해서는 실내와 실외의 경계가 명확하게 보이지 않도록 해야 한다. 창틀이 보이지 않게 하는 '비노출 프레임' 수법이나 붙박이창의 채용, 실내의 천장과 처마, 실내의 바닥과 실외의 데크 면을 일치시키는 등의 방법이 있다.

6

막다른 곳에 식물을 심어서
시선을 잡아끈다

막다른 곳에 벽만 덩그러니 있으면 갑갑한 느낌을 주기 쉬운데, 식물을 심어 놓으면 분위기가 부드러워지며 우연히 쳐다봤을 때도 자연을 느낄 수 있다. 이웃집을 사이에 둔 좁은 공간밖에 없다면 작은 식물로도 충분하다. 관리하기 어려운 장소일 경우 성장이 느린 식물을 선택하면 안심할 수 있다.

왼쪽: 복도가 끝나는 곳에 미닫이창을 달았다. 밖은 부지의 경계와 가까운 통로형 장소로, 상록수인 일렉스부에르게리를 심어서 생울타리로 삼았다.(P102~113 'K 씨의 집' 설계/데시마 다모쓰 건축 사무소)
오른쪽: 현관 포치에서 도로로 이어지는 두 번 꺾이는 어프로치. 아주 작은 공간이지만 단풍나무나 마취목을 심어서 깊이감을 만들어 냈다.(P68~77 'M 씨의 집' 설계/구마자와 야스코 건축 설계실)

7

거리에 대한 서비스를
아끼지 않는다

통로 쪽 공간은 집과 거리의 접점이며, 절반쯤은 공공적인 의미도 있다. 높은 울타리를 쳐서 가리기보다 식물로 부드러운 완충 지대를 만들어 인근에 사는 사람들이나 통행하는 사람들에게도 즐거움을 주자. 다만 모두를 위해서라고는 해도 떨어진 나뭇잎을 청소하고 지나치게 뻗은 가지를 잘라 주는 등의 관리는 필요하다.

자택 한구석에 빵집을 함께 지었다. 식재 공간을 충분히 확보해 많은 식물을 심은 앞쪽 정원이 화사한 점포의 분위기와 함께 거리에 활력을 불어넣고 있다.(P144~153 '시마오카 씨의 집' 설계/니코 설계실)

8

욕실에서 정원을 바라보며
최고로 행복한 입욕을

식물이 있음으로써 가장 큰 행복을 느낄 수 있는 곳은 욕실인지도 모른다. 외부 조명을 설치해 놓으면 밤에도 즐겁게 목욕할 수 있다. 블라인드를 닫지 않아도 안심할 수 있도록 사생활을 보호하기 위한 울타리 등은 필수적으로 설치해야 한다. 욕실이 2층에 있는 경우에는 창밖에 작은 옥상 정원을 만들면 좋다.

줄기만 보이는 팥배나무는 꼭대기의 모습을 2층에서 즐기기 위해 심은 것이다. 욕조에서 보이는 것은 흰 꽃과 붉은 열매를 맺는 민윤노리나무와 일렉스부에르게리의 생울타리다. 노송나무 벽의 욕실은 더없는 편안함을 준다.(P102~113 'K 씨의 집' 설계/데시마 다모쓰 건축 사무소)

9

중앙 정원은
주위와 단절된 낙원

부지가 길쭉할 경우에는 디근자 형태의 건물에 둘러싸인 중앙 정원을 만드는 것이 효과적이다. 외부에서의 시선이 닿지 않으므로 커튼 없이도 개방적인 생활을 할 수 있다는 점이 매력적이다. 다만 일조(日照)나 통풍이 방해받지 않도록 주의해야 한다. 특히 통풍은 식물이 건강하게 자라는 데 없어서는 안 될 요소다. 또한 많은 일조량이 필요한 식물은 중앙 정원에 적합하지 않다.

2층 식당의 중앙 정원 쪽 창의 경우, 아래 창틀의 높이를 크게 낮춤으로써 개방감을 더했다. 창은 서향으로, 오후가 되면 햇빛이 들어온다. 중앙 정원은 실내의 채광 수단으로서도 우수하다.(P124~133 '세키모토 씨의 집' 설계/리오타 디자인)

PART 2

아름다운 정원을 만들기 위한 힌트

설령 공간이 넓지 않더라도 계절의 변화를 느낄 수 있는 정원을 얼마든지 만들 수 있다.
자연 수형을 살린 '잡목 정원'을 중심으로, 건물과도 잘 어울리고 자연스러우면서도 보고 있으면 기분이 좋아지는 정원을 만들기 위한 식물 선택 방법과 배치 요령을 설명한다.

정원을 만들기 전에

정원에서 무엇을 하고 싶은지를 생각한다

먼저 이미지를 명확히 하는 것이 정원 조성의 첫걸음이다. "어떤 정원을 원합니까?"라는 질문을 받았을 때 곧바로 대답하지 못하는 사람이라도 '정원에서 무엇을 하고 싶은가?'는 금방 생각할 수 있을 것이다. 아이들과 논다, 가드닝이나 바비큐 파티를 한다. 혹은 방에서 정원을 바라본다 등등……. 또한 '어떤 나무를 좋아하는가?'도 이미지를 만들 때 실마리가 된다.

가능하면 집의 설계와 동시에 생각한다

건물의 설계 단계에서 외부 구조나 정원의 계획을 함께 구상하면 집과 정원을 더욱 일체감 있게 만들 수 있다. 집을 지을 빈터의 상태를 보고 '이곳에 상징목을 심으면 좋을 것 같다'는 장소를 설계사에게 미리 알려 주면 그 장소에 배관이나 설비가 배치되지 않도록 설계해 줄 것이다.

비용은 사전에 확보해 놓는다

건축 비용이 부풀어 올라서 건물 외부에 사용할 수 있는 예산이 줄어드는 일은 흔하게 일어난다. 총예산에 외부 구조 공사나 식재 비용도 포함시켜 놓는 것이 이상적이다. 식물은 직접 사서 심을 수도 있지만, 질이 나쁜 토양을 직접 교체하는 것은 매우 힘든 작업이다. 예산이 빠듯할 경우에는 이것만 업자에게 의뢰하는 것도 한 가지 방법이다.

〈정원을 만들기 전에 확인해 둬야 할 사항〉

☐ 정원의 넓이·형태

☐ 식물을 심을 수 있는 장소는 어디인가(앞쪽 정원, 현관 주변, 어프로치, 메인 정원, 작은 정원, 주차장 등)

☐ 식물이 뿌리를 내릴 수 있는 땅의 깊이

☐ 평탄한 땅인가, 경사진 땅인가

☐ 바람의 세기

☐ 빗물의 흐름

☐ 일조 환경

☐ 도로나 각각의 방에서 보이는 풍경

☐ 이웃집의 창이나 도로 등 외부로부터의 시선을 차단하고 싶은 장소

☐ 풍경을 빌릴 수 있을 것 같은 인근의 식물

☐ 하늘이 수목에 가리지 않고 선명하게 보이도록 만들고 싶은 위치

☐ 가족 구성과 생활 동선

☐ 건축물의 소재나 색

정원을 만들 때의 포인트

1 연속성을 고려하며 식물을 배치한다

좁은 범위만 보고 생각 없이 식물을 심기 쉬운데, 집 전체의 식물이 이어지도록 심으면 하나의 자연스러운 숲 같은 인상을 줄 수 있다. 이 사례에서는 경사 지형을 이용한 반지하 차고 위의 인공 지반에도 식물을 배치해서 식물이 도중에 끊어지지 않고 연속감을 주도록 만들었다. 이렇게 하면 외부에서 보기에도 멋질 뿐만 아니라 어느 창에서나 기분 좋게 식물을 감상할 수 있다.

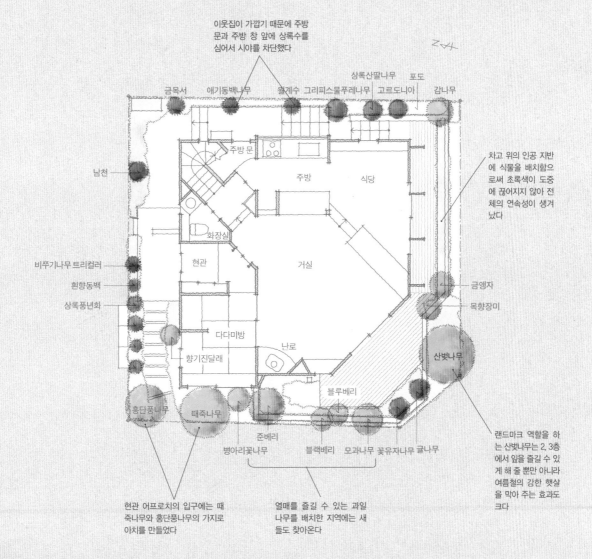

이웃집이 가깝기 때문에 주방 문과 주방 창 앞에 상록수를 심어서 시야를 차단했다

금목서　애기동백나무　월계수　그리피스물푸레나무　고르도니아　감나무

상록산딸나무　포도

남천

비쭈기나무 트리컬러
흰향동백
상록풍년화

향기진달래

흥단풍나무　때죽나무

병아리꽃나무　블랙베리　모과나무　꽃유자나무　귤나무

준베리

블루베리

주방문　주방　식당

화장실

현관　거실

다다미방　난로

차고 위의 인공 지반에 식물을 배치함으로써 초록색이 도중에 끊어지지 않아 전체의 연속성이 생겨났다

금앵자
목향장미

산벚나무

랜드마크 역할을 하는 산벚나무는 2, 3층에서 잎을 즐길 수 있게 해 줄 뿐만 아니라 여름철의 강한 햇살을 막아 주는 효과도 크다

현관 어프로치의 입구에는 때죽나무와 흥단풍나무의 가지로 아치를 만들었다

열매를 즐길 수 있는 과일나무를 배치한 지역에는 새들도 찾아온다

'K 씨의 집' 설계/스마이주쿠

2 깊이감을 만든다

넓지 않은 공간이라도 식물의 배치나 지면 디자인을 통해 깊이감을
만들어 낼 수 있다. 가지 끝이 겹쳐서 아치를 형성하도록 나무를 심
고 나무들 사이를 빠져나가듯이 구불구불하게 정원길을 만들면 짧
은 거리라도 걷는 과정에서 깊이감을 느끼게 할 수 있다. 나무는 정
원의 입구 부분을 기점으로 핵심이 되는 지역을 정해서 심자. 가지
가 뻗는 방향을 유심히 보고 정원길 쪽으로 살짝 기울도록 심으면
자연스럽게 보인다.

정원의 입구에 당단풍나무를 심은 예. 가지가 정원길을 뒤덮을
기세로 뻗은 것을 골랐다. 안쪽의 현관이 그대로 들여다보이지
않도록 식물을 배치해 깊이감을 냈다.

테라스 옆에 심은 쇠물푸레나무가 이 정원의 훌륭한 조역으로서 다양
한 각도에서 봤을 때의 강조점이 되고 있다.

3 먼저 커다란 골격을 정한다

먼저 부지 입구부터 현관까지와 실내에서 포인트가 되는 수
목을 정해 정원의 골격을 만들자. 전부 똑같은 크기의 나무를
배치하는 것이 아니라 강약을 주면 리듬감이 좋아진다. 건물
과의 균형을 고려하는 것도 중요하다. 그런 다음 각 수목 아
래에 풀덤불을 만들고 그곳들을 연결하듯이 중목(中木)과 풀
을 배치한다.
장소에 따라 일조 환경이나 통풍 상태가 다르므로 환경에 적
합한 식물을 선택하면 튼튼하게 자라 관리하기도 편해진다.

4 어프로치나 주차장도
정원에 포함시켜서 생각한다

현관으로 이어지는 어프로치에도 식물을 심어서 오는 사람을 맞이하게 하자. 메인 정원과 이어지도록 만들면 전체적인 연결성이 생긴다. 살풍경하게 보이기 쉬운 주차 공간에도 식물을 심어서 자동차를 수목으로 덮으면 길거리에서 봤을 때의 인상을 부드럽게 연출할 수 있다. 지면은 자연스러운 느낌의 돌이나 콘크리트 노출 마감, 침목 등으로 덮는다. 흙 부분을 조금 남겨서 지피식물을 심으면 정원과 위화감 없이 연결되어서 자동차가 없을 때도 살풍경하게 보이지 않는다.

앞쪽 정원과 주차 공간을 일체화한 사례. 대각선으로 주차시킴으로써 식재 공간을 늘려 자연스러운 느낌으로 융합시켰다.

옹벽과 건물 사이의 좁은 공간에도 식물을 심을 수 있다. 창문이 길거리에 그대로 노출되는 것도 피할 수 있으며, 외관에 부드러운 분위기가 더해진다.

5 외부에서의 시점도 고려하자

집 안에서만이 아니라 '거리를 지나가는 사람에게는 어떻게 보일까?'를 의식하는 것도 식재의 포인트다. 집과 식물이 서로를 방해하지 않고 서로의 디자인을 보완하는 형태가 가장 이상적이다.

집의 얼굴이 되는 부분이 어디인지를 생각하고 어디에 나무가 있으면 그 부분이 좀 더 아름답게 보일지 파악한다. 장기적으로는 정원의 나무가 건물을 감싸듯이 성장한다면 좋을 것이다.

주변 풍경과의 관계도 계산에 넣으면서 주위와 조화를 이루도록 균형을 맞추자.

테라스 곁에 산딸나무를 심고 풀덤불을 만들어 원근감을 연출한 잡목 정원. 이웃집을 가리도록 왼쪽에도 다간 형태의 당단풍나무를 배치했다.

6 개구부와의 균형을 생각한다

건물을 설계할 때 정원의 대략적인 디자인도 결정하고, 실내에서 어떻게 보일지 고려하며 식재의 골격을 정하자. 예를 들어 높이가 있는 커다란 개구부(창문, 출입구 등)에서 잘 보이는 장소에는 줄기부터 꼭대기까지 전체의 수형(樹形)을 즐길 수 있는 나무를 심는 것이 효과적이다. 반대로 높이가 낮은 창의 밖에는 저목(低木) 또는 풀 위주로 심거나 자갈을 까는 등의 궁리를 하자.

7 햇빛뿐만 아니라 통풍도 중요하다

식물이 자라기 위해서는 햇빛도 당연히 중요하지만 무엇보다 통풍이 좋아야 한다. 물론 나무의 종류를 잘 고르면 괜찮을 때도 있지만, 바람이 적은 중앙 정원은 난이도가 높다고 할 수 있다. 중앙 정원을 둘러싸고 있는 각 방에서 보이는 모습이나 2층에서 보이는 모습도 의식하면서 심자. 줄기가 아름다운 나무를 중심으로 상록수도 섞으면서 균형 있게 조합하는 것이 중요하다.

단풍나무를 주역으로 삼은 일본풍 정원. 작은 공간에 등롱과 돌풍주도 배치했다. 담의 일부를 격자로 만들어서 통풍을 확보했다.

8 담의 밑부분은 가린다

담의 밑부분이 드러나 있으면 살풍경해 보이므로 식물을 심어서 가린다. 일조량이 적을 경우는 응달에서도 잘 자라는 종류를 선택하자. 소엽맥문동이나 맥문동은 키우기 쉬우며, 맥문아재비는 잎도 크고 매우 강인한 식물이다. 길상초도 강인하고 금방 불어나서 응달을 꾸미기에 편리한 식물이다.

펜스 밑을 소엽맥문동과 비비추로 가렸다. 또한 핑크색 꽃을 피우는 만병초로 펜스의 기둥을 가렸다.

식물과 일체화되는 외부 구조를 만들기 위한 포인트

담의 마감을 타일로 하는가 미장으로 하는가, 모서리를 각지게 만드는가 둥글게 만드는가에 따라 인상이 크게 달라지므로 건물과 조화를 이루는지 보면서 선택하도록 하자. 지면은 삼화토 다짐이나 노출 포장, 침목 포장이나 오야석 포장 등으로 마감하면 자연스럽고 따뜻한 느낌을 연출할 수 있다.

흙을 두드려서 다지는 삼화토 다짐이나 콘크리트를 사용한 노출 포장에는 다양한 스타일이 있으니 정원의 이미지에 맞춰 사용하자.

삼화토 다짐, 노출 포장의 종류

후카쿠사자갈 삼화토
교토의 후카쿠사라는 지역에서 채취한 자갈에 석회와 간수를 섞고 두드려서 다진다.

마사토 노출 포장
화강암이 풍화해서 만들어지는 마사토를 사용해 시멘트에 따뜻한 느낌을 주는 색을 더했다.

강자갈 노출 포장
강자갈의 자연스러우면서 거친 표정이 특징이다.

남부자갈 노출 포장
적갈색과 광택이 특징적인 자갈을 사용해 밝은 바닥을 만든다.

식재의 특징을 감안하며 고른다

수목은 크게 낙엽수와 상록수의 두 종류로 나뉘며, 이것을 어떻게 이용하느냐에 따라 계절별 풍경이 크게 달라진다. 또한 '수형(樹形)'에 주목해서 균형 있게 선택하는 것도 중요하다. 심은 뒤 3년 정도가 지나면 수형이 안정되므로 그때의 모습을 상상하며 고르면 좋을 것이다. 오른쪽에 수형의 유형별로 분류한 표를 실었으니 참고하기 바란다.

〈수목의 유형을 알자〉

유형	특징	식물의 예
옆으로 펼친다	가지를 옆으로 펼치는 유형. 나무와 나무의 초록색이 끊어지지 않도록 이어 나갈 때 좋다	금사도, 수국, 일본조팝나무, 도사물나무, 조록나무 등
평균적으로 펼친다	좌우로 균형이 좋고 모습이 가지런한 수목. 상징목으로 적합하다	산딸나무, 준베리, 때죽나무 등
비스듬하게 뻗는다	판매용으로 밭에서 키운 것이 아니라 산에서 뽑아 온 식물에 많다	단풍나무, 퍼진철쭉, 기름나무 등
위로 곧게 뻗는다	줄기가 위를 향해서 곧게 뻗으며, 위쪽으로 가지를 펼친다. 아주 작은 공간에도 심을 수 있다	쇠물푸레나무, 노각나무, 큰일본노각나무, 대팻집나무 등

설계 사무소 일람(게재순)

P008 세이노 씨의 집

이치미 설계 공방
이치미 나오토

나라 현 나라 시 고조니시 2-11-10
TEL: 0742-44-2556
URL: http://web1.kcn.jp/ichimi/

P044 M 씨의 집

레밍하우스
나카무라 요시후미

도쿄 도 세타가야 구 오쿠사와 3-45-4
TEL: 03-5754-3222

P020 N 씨의 집

마쓰자와 미노루 건축 설계 사무소
마쓰자와 미노루

도쿄 도 지요다 구 6번가 3-11 6F
TEL: 03-3264-3250
URL: http://www.matsuzawaminoru.com/

P056 히라이 씨의 집

기키설계실
마쓰바라 마사아키

도쿄 도 이타바시 구 요쓰바 1-21-11 클로버21
    206호실
TEL: 03-3939-3551
URL: https://www.kigisekkei.com/

P032 구리타 씨의 집

가제코보 일급 건축사 사무소
이시이 유키

도쿄도 도 스기나미 구 젠푸쿠지 1-19-11
TEL: 03-3399-5326
URL: http://www.kazekoubou.jp/

P068 M 씨의 집

구마자와 야스코 건축 설계실
구마자와 야스코

도쿄 도 스기나미 구 미야마에 3-17-10
TEL: 03-3247-6017
URL: http://www.yasukokumazawa.com/

P078 O 씨의 집

호리베 야스시 건축 설계 사무소
호리베 야스시

도쿄 도 신주쿠 구 후쿠로마치 10-5 3F
TEL: 03-5579-2818
URL: http://horibe-aa.jp

P124 세키모토 씨의 집

리오타 디자인
세키모토 류타

사이타마 현 시키 시 혼초 6-21-40-1F
TEL: 048-471-0260
URL: https://www.riotadesign.com/

P090 M 씨의 집

ARTEC
아베 쓰토무

도쿄 도 메구로 구 고혼기 1-12-17
TEL: 03-3792-4081
URL: http://abeartec.com

P134 가네코 씨의 집

안도 아틀리에
안도 가즈히로+다노 에리

사이타마 현 와코 시 주오 2-4-3-405
TEL: 048-463-9132
URL: http://aaando.net

P102 K 씨의 집

데시마 다모쓰 건축 사무소
데시마 다모쓰

도쿄 도 분쿄 구 가스가 2-22-5-515
TEL: 03-3812-2247
URL: http://www.tteshima.com/

P144 시마오카 씨의 집

니코 설계실
니시쿠보 다케토

도쿄 도 스기나미 구 가미오기 1-16-3 모리타니
  빌딩 5층
TEL: 03-3220-9337
URL: http://www.niko-arch.com/

P114 구라타 씨의 집

사토·후세 건축 사무소
사토 데쓰야+후세 유코

도쿄 도 무사시노 시 고덴야마 1-7-12 이노카시
  라 맨션 601
TEL: 0422-48-2470
URL: http://satofuse-arch.com

초록의 집

1판 1쇄 발행 2020년 5월 28일
1판 2쇄 발행 2022년 2월 8일

지은이 엑스날러지 편
옮긴이 이지호
펴낸이 김기옥

실용본부장 박재성
편집 실용1팀 박인애
영업 김선주
커뮤니케이션 플래너 서지운
지원 고광현, 김형식, 임민진

디자인 제이알컴
인쇄 · 제본 민언프린텍

펴낸곳 한스미디어(한즈미디어(주))
주소 121-839 서울시 마포구 양화로 11길 13(서교동, 강원빌딩 5층)
전화 02-707-0337 | 팩스 02-707-0198 | 홈페이지 www.hansmedia.com
출판신고번호 제 313-2003-227호 | 신고일자 2003년 6월 25일

ISBN 979-11-6007-487-1 13520

' .'은 뒤표지에 있습니다.
        '어진 책은 구입하신 서점에서 교환해드립니다.